高等职业教育规划教材

数控铣削加工技术

张宗仁 关兴举 主编
张李铁 主审

化学工业出版社
·北京·

内容简介

本书内容包括数控铣床的认识、简单铣削零件编程、平面类零件加工、宏程序编程与应用、孔系零件加工、平面零件编程与加工、曲面零件编程与加工、数控铣编程与加工综合训练、数控多轴编程与加工等，书中通过数控铣削加工相关知识学习与任务实施的训练，使学生掌握零件数控铣削加工工艺制订、数控机床操作技术、数控编程技术，提高学生数控铣削加工技术技能。本书配套丰富的数字资源，有完整的在线课程，并提供电子课件、习题参考答案。

本书可作为高职高专院校、中等职业学校相关专业的教材，并可作为培训用书，也可供从事数控加工人员参考。

图书在版编目（CIP）数据

数控铣削加工技术/张宗仁，关兴举主编．—北京：化学工业出版社，2021.7

高等职业教育规划教材

ISBN 978-7-122-39183-4

Ⅰ.①数… Ⅱ.①张… ②关… Ⅲ.①数控机床-铣削-高等职业教育-教材 Ⅳ.①TG547

中国版本图书馆 CIP 数据核字（2021）第 096556 号

责任编辑：韩庆利	文字编辑：宋 旋 陈小滔
责任校对：李雨晴	装帧设计：刘丽华

出版发行：化学工业出版社（北京市东城区青年湖南街 13 号 邮政编码 100011）
印　　装：大厂聚鑫印刷有限责任公司
787mm×1092mm 1/16 印张 15¼ 字数 380 千字 2021 年 9 月北京第 1 版第 1 次印刷

购书咨询：010-64518888　　　　　　　售后服务：010-64518899
网　　址：http://www.cip.com.cn
凡购买本书，如有缺损质量问题，本社销售中心负责调换。

定　价：48.00 元　　　　　　　　　　　　　　　　　　版权所有　违者必究

前言

本教材依据机械制造技术国家标准编写，结合最新职业标准、行业标准和职业技能标准，按照职业岗位能力要求，整合人才培养应具备的职业技术素质和人才培养目标，适用于高职高专院校机械类专业的数控铣削加工技术课程教学，也可供相近的工程技术人员参考使用。

本教材完全根据职业技能的人才培养目标，力求贯彻理实一体原则，突出数控铣床操作技术、数控铣床编程技术、数控工艺与工装设计制造和使用能力的培养。牢固树立"以学生为主体的学生观、以满足需求标准的质量观、尊重与爱的教育观、培养高素质技术技能人才的人才观。"

书中选择具有典型特征的零件作为教学载体，实物特征明显，代表性强。载体零件涵盖了数控铣削加工技术要求的知识点，强化了行业和生产的针对性和实用性，强化了实践教学。

为使教材达到学生喜欢看、看得懂、用得上的原则，各项目载体采用任务驱动的理实一体模式，中间穿插图片、思考等内容，并将教材与教学资源对接。内容安排上以适合手工编程的简单铣削零件加工、适合宏程序特定形状零件加工、适合 CAM 编程的复杂形状零件加工、适合五轴机床加工的高精度复杂零件加工为主线，使学生掌握零件数控铣削加工工艺制订、数控机床操作技术、数控编程技术，提高学生数控铣削加工技术技能。

本书配套丰富的数字资源，有完整的在线课程，并提供电子课件、习题参考答案（QQ 群 410301985 下载）。

本教材由张宗仁、关兴举主编，张李铁主审，孙静、宿华龙参编。吉林工业职业技术学院多名专业教师提出宝贵意见，对提高教材质量帮助很大，在此表示感谢。

由于编者水平有限，书中难免存在不足之处，敬请批评指正。

编　者

目录

项目1 数控铣床的认识 ·· 1
    任务1 车间安全及实训纪律认知 ·· 1
    任务2 数控铣床及加工中心认知 ·· 3
    任务3 数控铣床坐标系的规定 ·· 8
    任务4 数控铣床基本操作 ·· 10
    任务5 对刀原理及对刀方法 ·· 17
    思考题 ·· 21

项目2 简单铣削零件编程 ·· 22
    任务1 数控铣床基本代码指令认知 ·· 22
    任务2 数控铣床程序基本结构认知 ·· 28
    任务3 圆弧编程及刀具半径补偿 ·· 33
    任务4 坐标系平移和旋转编程方法 ·· 40
    任务5 整圆、螺旋插补和镜像编程方法 ·· 45
    思考题 ·· 49

项目3 平面类零件加工 ·· 52
    任务1 刀具材料基础知识认知 ·· 52
    任务2 数控刀具系统及切削参数选择 ·· 61
    任务3 平面零件手工编程 ·· 73
    任务4 行切编程 ·· 78
    思考题 ·· 79

项目4 宏程序编程与应用 ·· 83
    任务1 数控宏程序基础知识认知 ·· 84
    任务2 孔和圆柱加工宏程序 ·· 92
    任务3 开放矩形区域宏程序 ·· 96
    任务4 带圆弧矩形凹槽宏程序加工 ·· 101
    思考题 ·· 106

项目5 孔系零件加工 ·· 110
    任务1 钻孔、铰孔、镗孔加工 ·· 111
    任务2 攻螺纹加工 ·· 119

  任务3 铣螺纹加工 ··· 124
  思考题 ··· 129

项目6 平面零件编程与加工 ··· 132
  任务1 简单平面零件工艺规划及毛坯准备 ··· 133
  任务2 零件建模及加工环境设置 ··· 136
  任务3 简单平面零件编程 ··· 143
  任务4 平面零件仿真及加工 ··· 152
  思考题 ··· 153

项目7 曲面零件编程与加工 ··· 156
  任务1 曲面零件加工工艺规划及毛坯准备 ··· 156
  任务2 曲面零件建模与加工环境设置 ··· 159
  任务3 曲面零件编程 ··· 165
  任务4 曲面零件仿真及加工 ··· 180
  思考题 ··· 181

项目8 数控铣编程与加工综合训练 ··· 182
  任务1 判断刀路的好坏 ··· 183
  任务2 加工工艺定制及模型创建 ··· 187
  任务3 烟灰缸编程 ··· 191
  任务4 零件仿真及加工 ··· 194
  思考题 ··· 196

项目9 数控多轴编程与加工 ··· 197
  任务1 多轴加工认知 ··· 198
  任务2 五轴加工技术与对刀 ··· 200
  任务3 五轴常用基本指令 ··· 204
  任务4 五轴后处理 ··· 211
  任务5 五轴UG自动编程 ··· 214
  任务6 涡轮叶片五轴编程 ··· 223
  任务7 涡轮叶片加工 ··· 230
  思考题 ··· 232

参考文献 ··· 238

项目 1

数控铣床的认识

项目导入

数控铣床简介

随着社会生产和科学技术的迅速发展,机械产品精度要求高,形状复杂,批量小。加工这类产品需要经常改装或调整设备,普通机床或专用化程度高的自动化机床已不能适应这些要求。为了适应这些产品的加工,数控机床应运而生。数控机床具有适应性强、加工精度高、加工质量稳定和生产效率高等优点。它综合应用了电子计算机、自动控制、伺服驱动、精密测量和新型机械结构等多方面的技术成果,是现代加工制造不可缺少的装备。

数控铣床又称 CNC(Computer Numerical Control)铣床,是用计算机数字化信号控制的铣床。数控铣床又分为不带刀库和带刀库两大类。其中带刀库的数控铣床又称为加工中心,如图 1.1 所示。

图 1.1 数控铣床(CNC 铣床)

知识目标

1. 了解数控铣床结构与功能,了解数控铣床坐标系的规定;
2. 掌握数控铣床的手动操作、手轮操作、MDI 操作、程序的录入与模拟;
3. 掌握数控铣床的对刀原理及对刀方法;
4. 培养学生的安全操作意识及质量意识。

技能目标

1. 数控铣床控制面板的使用;
2. 数控铣床基本操作、手动操作、程序新建、程序录入、程序运行等;
3. 数控铣床的对刀操作。

任务 1 车间安全及实训纪律认知

相关知识

车间安全及实训纪律

① 开机前,认真检查机床各部位有无异常,以防开机时突然撞击而损坏机床。启动后,主轴应低速运行几分钟,使各部位的润滑正常。

② 操作人员应穿工作服、劳保鞋,防止飘逸的衣物意外卷入旋转的机器。长发应塞入帽内,袖口应扣紧,不允许戴围巾、手套,拉链拉好,帽绳收好或取下等。

③ 不允许在工作台面上放置物件。不允许敲击铣床工作台面。

④ 加工前,工件和刀具应装夹可靠,既要防止夹紧力过小松脱伤人,又要防止夹紧力过大损坏机件。装夹工件后,虎钳扳手应随手拿下,放置在安全位置。

⑤ 铣床开动后,严禁触摸任何运动部位,铣床未停止运动以前,不允许测量或用丝织物擦拭工件。

⑥ 实习操作时,不允许将头、手与刀具、工件太近,以防止主轴伤人或切屑飞入眼中。清除切屑时,严禁用手直接清除或用嘴吹除。必须使用专用的气枪、铁钩和毛刷。

⑦ 不得两人同时操作同一机床,以免误伤他人。

⑧ 实训结束,应关闭电源。将铣床擦拭干净,特别是护板、工作平台缝、虎钳内等。

⑨ 实训结束,应清理所用的全部工具、量具、刀具、夹具等,并整齐有序地放入工具柜中。

⑩ 最后清扫场地,离开实训车间。

任务实施

课程任务单

任务 1.1	车间安全及实训纪律认知——风险识别及熟悉环境		
学习小组:	班级:		日期:
小组成员(签名):			

任务描述(以小组完成)
1. 对标车间实训安全纪律,找出 3 条以上自己或班级其他同学的不规范的行为表现。

序号	行为表现	危险源
1		
2		
3		

2. 参观实训室,注意实训室容易发生危险的地方,高压电源、强电、易摔倒的地方、空间受限地方、易发生机械伤害的地方。

序号	地点	危险源
1		
2		
3		
4		
5		
6		

3. 分享学习实训室危险案例。

任务 2　数控铣床及加工中心认知

相关知识

1.2.1　数控铣床与加工中心基本概念

数字控制（Numerical Control）：简称数控（NC），是一种借助数字、字符或其他符号对某一工作过程（如加工、测量、装配等）进行可编程控制的自动化方法。

数控系统（Numerical Control System）：采用数字控制技术的控制系统。

数控机床（Numerical Control Machine Tools）：采用数字控制技术对机床的加工过程进行自动控制的机床。

加工中心：带有刀库并具有自动换刀功能的数控铣床。

数控铣床和加工中心的主要区别是：数控铣床没有刀库和自动换刀装置，如图 1.2 所示，而加工中心则是带有刀库并具有自动换刀功能的数控铣床，如图 1.3 所示。

图 1.2　数控铣床

图 1.3　数控加工中心

1.2.2　数控铣床的功能与特点

数控铣床是主要采用铣削方式加工零件的数控机床，它能够进行外形轮廓铣削、平面或曲面型腔铣削及三维复杂型面的铣削，如凸轮、模具、叶片等，另外数控铣床还具有孔加工的功能，通过特定的功能指令可进行一系列孔的加工，如钻孔、扩孔、铰孔、镗孔和攻螺纹等。

(1) 数控加工的过程

首先要将被加工零件图上的几何信息和工艺信息数字化，也就是将刀具与工件的相对运动轨迹、加工过程中主轴速度和进给速度的变换、冷却液的开关、工件和刀具的交换等控制和操作，按规定的代码和格式编写成加工程序，然后送入数控系统，数控系统则按照程序的要求，先进行相应的运算、处理，然后发出控制命令，使各坐标轴、主轴及相关的辅助动作相互协调，实现刀具与工件的相对运动，自动完成零件的加工。

(2) 数控机床加工与普通机床有着一定的区别

① 工序集中。数控机床一般带有可以自动换刀的刀架、刀库，换刀过程由程序控制自动进行。因此，工序比较集中，减少机床占地面积，节约厂房，同时减少或没有中间环节

(如半成品的中间检测、暂存搬运等)，既省时间又省人力。

② 自动化程度高。数控机床加工时，不需人工控制刀具，自动化程度高，对操作工人的要求降低。数控操作工在数控机床上加工出的零件比普通工在传统机床上加工出的零件精度高，而且省时、省力，降低了工人的劳动强度。

③ 产品质量稳定。数控机床的加工自动化，免除了普通机床上工人的疲劳、粗心等人为误差，提高了产品的一致性。

④ 加工效率高。数控机床的自动换刀等使加工过程紧凑，提高了劳动生产率。

⑤ 柔性化高。改变数控加工程序，就可以在数控机床上加工新的零件，且又能自动化操作，柔性好，效率高，因此数控机床很适应市场竞争。

⑥ 加工能力强。数控机床能精确加工各种轮廓，而有些轮廓在普通机床上无法加工。

1.2.3 数控铣床分类

(1) 按机床主轴方向分类

按机床主轴方向的布局形式分为立式数控铣床和卧式数控铣床。

① 立式数控铣床。立式数控铣床是数控铣床中数量最多的一种，如图1.4所示。立式数控铣床的主轴线垂直于水平面。小型数控铣床一般采用工作台升降方式；中型数控铣床一般采用主轴升降方式；龙门铣床采用龙门架移动方式，即主轴可在龙门架的横向与垂直导轨上移动。

立式数控铣床通常采用三坐标或三坐标两联动加工（三个坐标中的任意两个坐标联动加工）。

② 卧式数控铣床。卧式数控铣床的主轴轴线平行于水平面，如图1.5所示。为了扩大加工范围和扩充功能，卧式数控铣床通常采用增加数控回转工作台来实现四坐标或五坐标加工。对箱体类零件或需要在一次安装中改变工位的工件来说，常选择带数控回转工作台的卧式数控铣床进行加工。

图1.4 立式数控铣床

图1.5 卧式数控铣床

(2) 按反馈控制类型分类

数控铣床按反馈控制类型可分为：开环控制、半闭环控制、闭环控制。

开环数控机床就是没有检测反馈装置的数控机床，数控系统发出指令后，不管机床是否动作，不管动作是否准确，如图1.6所示。

图 1.6　开环控制系统

半闭环控制系统是在开环控制系统的伺服机构中装有角位移检测装置，通过检测伺服机构的滚珠丝杠转角，间接检测移动部件的位移，然后反馈到数控装置的比较器中，与输入原指令位移值进行比较，用比较后的差值进行控制，使移动部件补充位移，直到差值消除为止的控制系统。由于半闭环控制系统将移动部件的传动丝杠螺母不包括在环内，所以传动丝杠螺母机构的误差仍会影响移动部件的位移精度，由于半闭环控制系统调试维修方便，稳定性好，目前应用比较广泛。半闭环控制系统的伺服机构所能达到的精度、速度和动态特性优于开环伺服机构，为大多数中小型数控机床所采用，如图 1.7 所示。

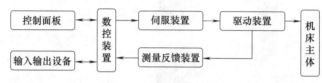

图 1.7　半闭环控制系统

全闭环数控机床采用光栅尺对机床运动部件进行实时的反馈，通过数控系统处理后将机床状态告知数控装置，数控装置通过系统指令自动进行运动误差的补偿，由于光栅尺反映的是运动部件的真实行走状态，通过补偿就减小了机床的运动误差，所以全闭环数控机床的精度比较高，如图 1.8 所示。

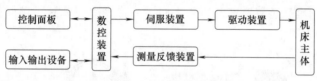

图 1.8　闭环控制系统

特点和区别：开环数控机床使用的是步进电机，精度低，稳定性差；半闭环数控机床使用的是伺服电机，检测反馈装置安装在伺服电机上，处于进给传动系统的中间，在检测反馈装置之后发生问题，它检测不到，经济性好，精度和稳定性较好。闭环数控机床，检测反馈装置安装在床身和工作台之间，这种数控机床精度和稳定性最好。

1.2.4　数控铣床的结构

数控铣床除铣床基础部件外，还包括其他几个主要部分：主传动系统、进给传动系统、刀架或自动换刀装置、自动托盘交换装置以及检测装置等，如图 1.9 所示。

（1）机床本体

加工中心的机床本体部分主要由床身基体与工作台面、立柱、主轴部件等组成，如图 1.10～图 1.12 所示。

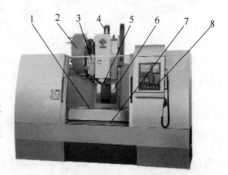

图 1.9　数控铣床的组成
1—工作台；2—刀库；3—换刀装置；4—伺服电动机；5—主轴；6—导轨；7—床身；8—数控系统

图1.10 工作台面与导轨　　　　图1.11 立柱　　　　图1.12 主轴部件

(2) 数控装置

FANUC系统的数控装置主要由数控系统、伺服驱动装置和伺服电动机组成，如图1.13所示。其工作过程为：数控系统发出的信号经伺服驱动装置放大后指挥伺服电动机进行工作。

(3) 刀库和换刀装置

加工中心备有刀库，并能自动更换刀具，对工件进行多工序加工。

加工中心的自动换刀装置由存放刀具的刀库和换刀机构组成，刀库种类很多，常见的有盘式和链式两类，如图1.14～1.17所示。

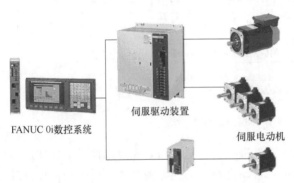

图1.13 FANUC数控装置

(4) 辅助装置

加工中心常用的辅助装置有气动装置、润滑装置、冷却装置、排屑装置和防护装置等，如图1.18～图1.21所示。

图1.14 卧式圆盘刀库　　　　　　　图1.15 斗笠式刀库

图1.16 链式刀库　　　　　　　图1.17 加工中心机械手换刀

项目1 数控铣床的认识 7

图1.18 气动装置

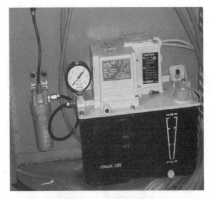

图1.19 润滑装置

图1.20 冷却装置

图1.21 排屑装置

任务实施

课程任务单

任务1.2	数控铣床及加工中心认知——认识数控铣床的结构	
学习小组：	班级：	日期：
小组成员(签名)：		

任务描述(以小组完成)
1. 参观实训室，指出实训室的设备的名称及主要加工对象。

序号	设备名称	加工对象
1		
2		
3		
4		
5		
6		

续表

2. 参观数控加工中心，指出数控加工中心的主要组成部分及作用。

序号	名称	作用
1		
2		
3		
4		
5		
6		
7		

任务 3　数控铣床坐标系的规定

相关知识

1.3.1　笛卡儿坐标系

数控铣床/加工中心坐标系执行我国的行业数控标准《工业自动化系统与集成　机床数值控制坐标系和运动命名》GB/T 19660—2005 与国际标准 ISO841 等效。标准坐标系采用右手笛卡儿坐标系，如图 1.22 所示。

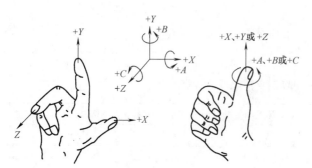

图 1.22　笛卡儿坐标系

1.3.2　坐标轴

(1) Z 坐标

坐标的运动方向是由传递切削动力的主轴所决定的，根据坐标系方向的命名原则，在钻、镗、铣加工中，切入工件的方向为 Z 轴的负方向，远离工件方向为正方向，如图 1.23、图 1.24 所示。

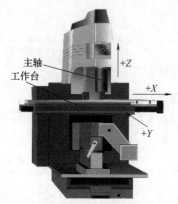

图 1.23　卧式圆盘刀库

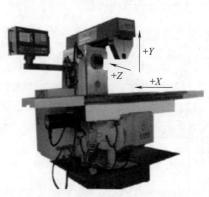

图 1.24　斗笠式刀库

(2) X 坐标

X 坐标平行于工件的装夹平面，一般在水平面内，对立式铣床/加工中心，Z 坐标垂直，观察者面对刀具主轴向立柱看时，+X 运动方向指向右方；对卧式铣床/加工中心，Z 坐标水平，观察者沿刀具主轴向工件看时，+X 运动方向指向左方，如图 1.23、图 1.24 所示。

(3) Y 坐标

在确定 X、Z 坐标的正方向后，可以根据 X 和 Z 坐标的方向，按照右手笛卡儿直角坐标系来确定 Y 坐标的方向。

(4) 旋转轴

围绕 X、Y、Z 坐标旋转的旋转轴分别用 A、B、C 表示，根据右手螺旋定则，大拇指的指向为 X、Y、Z 坐标中任意轴的正向，则其余四指的旋转方向即为旋转坐标 A、B、C 的正向，如图 1.25 所示。

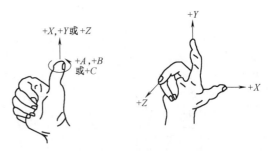

图 1.25 旋转轴坐标系方向

1.3.3 机床原点、机床参考点、工件坐标系

(1) 机床原点

数控铣床/加工中心的机床原点一般设在刀具远离工件的极限点处，即坐标正方向的极限点处，如图 1.26 所示。

(2) 机床参考点

机床参考点是数控机床上一个特殊位置的点，该点一般位于靠近机床原点的位置。机床参考点与机床原点的距离由系统参数设定。如果其值为零，则表示机床参考点和机床原点重合；如果其值不为零，则机床开机回零后显示的机床坐标系的值即为系统参数中设定的距离值，如图 1.26 所示。

(3) 工件坐标系

编程人员首先根据零件图样及加工工艺建立编程坐标系（编程坐标系的原点称为编程原点），如图 1.26 所示。当工件装夹后，加工人员通过对刀将编程原点转换为工件原点，从而确定工件坐标系。

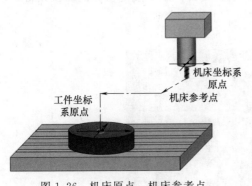

图 1.26 机床原点、机床参考点、工件坐标系原点

数控铣床/加工中心 Z 轴方向的工件原点，一般放在工件的上表面。而对于 XY 方向的工件原点，当工件对称时，一般取工件的对称中心作为 XY 方向的原点；当工件不对称时，一般取工件的交角处作为工件原点。

★注意：机床操作时，假想工件不动，刀具移动，刀具往工件的正方向移动即为正方向，刀具往工件的负方向移动即为负方向，以此来判断轴移动的正负方向。

任务实施

课程任务单

任务 1.3	数控铣床及加工中心认知——认识数控机床坐标系		
学习小组：	班级：		日期：
小组成员（签名）：			

任务描述（以小组完成）
仔细观察实训室内的设备，并指出它们坐标系规定的方向，并指出各轴的运动正方向。

序号	设备名称	坐标系方向	各轴的运动方向
1	前置刀架数控车床		
2	后置刀架数控车床		
3	VMC850B		
4	四轴数控机床		
5	五轴数控机床		
6	数控龙门铣床		
7	高速铣床		

任务 4　数控铣床基本操作

相关知识

1.4.1　FANUC 数控系统面板

FANUC 数控系统程序面板，包含有外接口、显示面板、输入按键、界面切换按键、输入控制按键、软按键及其他输入与显示控制按键等，如图 1.27 所示。

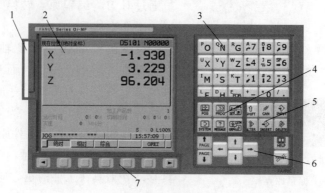

图 1.27　FANUC 数控系统程序面板
1—外接口；2—显示面板；3—输入按键；4—界面切换按键；5—输入控制按键；6—其他按键；7—功能软键

FANUC 数控系统机床控制面板，包含有急停按钮、程序写保护、程序模式选择、手动模式选择、快速倍率按钮、冷却与刀具、手动移动选择按钮、主轴控制按钮、其他功能按钮、程序启停按钮、主轴倍率旋钮、进给倍率旋钮等，如图 1.28 所示。

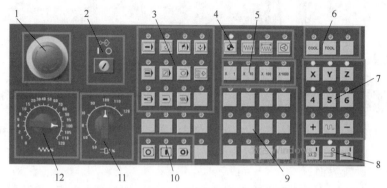

图 1.28 FANUC 数控系统机床控制面板

1—急停按钮；2—程序写保护；3—程序模式选择；4—手动模式选择；5—快速倍率按钮；6—冷却与刀具；7—手动移动选择按钮；8—主轴控制按钮；9—其他功能按钮；10—程序启停按钮；11—主轴倍率旋钮；12—进给倍率旋钮

(1) 操作界面

① 位置界面

功能：显示机床绝对坐标、相对坐标、机械坐标、剩余移动量等信息，如图 1.29～图 1.31 所示。

图标：

图 1.29 绝对界面

图 1.30 相对界面

图 1.31 综合界面

② 程序界面

功能：查看程序列表、查看程序、修改程序等，如图 1.32、图 1.33 所示。

图标：

③ 偏移/零偏

功能：在补正栏里面可以设定刀具长度补偿、半径补偿、长度磨损、半径磨损的数值；在 SETING 栏内，可以设置参数写入开关、程序号打开或关闭、输入单位（mm/in）、程序通道等；在坐标系栏内可以设置外部零点偏执（EXT）、G54～G59 坐标系的数值等。它是对刀和手动平移坐标系常用的界面，如图 1.34～图 1.36 所示。

图标：

12　数控铣削加工技术

图1.32　程序列表界面

图1.33　程序界面

图1.34　补正界面

④ 系统参数设置界面

功能：在本界面主要显示和修改系统参数、显示系统宏变量的值、设置机床参考点等，当调试机床、调整机床参数时使用，如图1.37所示。

图标：

★注意：如不是专业人员，请勿随意改动机床参数，如设定不好可能导致严重后果。

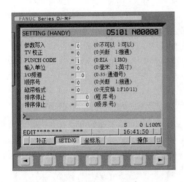

图1.35　SETING界面

图1.36　坐标系界面

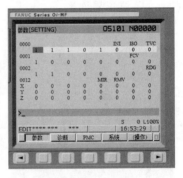

图1.37　系统界面

⑤ 信息界面

功能：显示报警信息、历史信息等，用于查看机床报警提示等，如图1.38、图1.39所示。

图标：

图1.38　报警信息显示

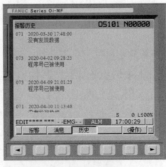

图1.39　历史信息显示

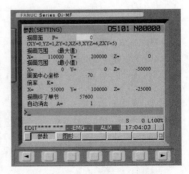

图1.40　图形设定界面

⑥ 图形界面

功能：可以设定图形参数，一般用于显示机床运动轨迹，如果在机床锁住时运行程序，则可以模拟机床的运动轨迹，以便检验程序是否正确，如图1.40所示。

图标：

(2) 手动控制模式

FANUC数控机床有返回参考点、手动、增量（或寸动）、手轮等手动操作模式，如表1.1所示。

表1.1 机床操作模式表（手动控制模式）

序号	名称	图标	功能	使用场景
1	返回参考点（REF模式）		利用机床操作面板的开关和按钮使刀具移动到参考点的操作	有些机床断电后编码器位置丢失，重新接通电源后需执行返回参考点的操作。一般参考点设在换刀的位置，当需要换刀时可直接返回参考点
2	手动（JOG模式）		在该模式下，按机床操作面板上的(X,Y,Z)选择轴，再按+或−，可使刀具沿各轴运行的正或负方向运行，在该模式下刀具连续移动	当需要手动移动刀具或工作台时，例如手动切削、移动工作台等，可以使用该模式，在该模式下机床速度受进给倍率旋钮的控制
3	增量（INC模式）		在该模式下，按机床操作面板上的(X,Y,Z)选择运动轴，再按+或−，可使刀具沿各轴运行的正或负方向运行，每按按钮一次，刀具仅移动一固定距离	当需要手动移动刀具或工作台到一定距离时，例如对刀等，可以使用该模式，在该模式下机床速度受快速倍率按钮的控制，×1表示机床每次运行0.001个单位，×10机床每次运行0.01个单位，×100机床每次运行0.1个单位，×1000机床每次运行1个单位
4	手轮（HND模式）		在该模式下，机床移动通过转动手动手轮控制，通过手轮选择需移动轴和移动倍率。通过旋转方向控制是向正方向还是向负方向移动	当需要通过手轮控制机床时使用，例如对刀、移动工作台等

(3) 程序运行模式

FANUC数控机床有自动、MDI、远程、编辑等程序运行模式，如表1.2所示。

表1.2 机床操作模式表（程序运行模式）

序号	名称	图标	功能	使用场景
1	自动（MEM模式）		通过执行机床内存里的程序来控制机床运行	执行机床内存里的程序，例如手动编程的程序，特定动作的程序等。由于机床内存的限制，程序往往不能太大太长
2	MDI		在用MDI单元指定程序后，机床即可基于该指令运行	常用于执行简短的程序，例如指定机床的转速，指定机床到对刀点验证对刀是否正确等
3	远程（在线加工）（RMT模式）（DNC模式）		在该模式下，直接从外部输入/输出设备读取程序来运行机床，而没有把程序记录在CNC的存储器中	当自动编程时，程序段数长，程序较大时可以借助外部存储设备、存储程序。当在自动加工或远程控制机床时，可以实时传入程序控制机床加工
4	编辑（EIDT模式）		在该模式下，允许编辑、新建、删除、更改计算机程序	只有在编辑模式下才可以更改、新建、删除程序等。注意前景编辑模式(FG)、背景编辑模式(BG)的问题

(4) 程序运行控制按钮

FANUC数控机床有多种程序控制模式，如表1.3所示。

表 1.3　程序运行控制按钮

序号	名称	图标	功能
1	循环启动（CYCLE START）		程序开始运行,用于启动程序
2	进给保持（FEED HOLD）		用于在程序运行中暂停程序,此时程序处于进给保持状态
3	单段（SBK）		功能打开时,程序执行完一段程序后,暂停,再次按启动键,继续执行下一行
4	程序跳段（BDT）		功能打开时,程序段带有"/"字符的程序段跳过不执行
5	程序选择暂停（OPT STOP）		该功能打开时,程序运行过程中有 M01 的程序段可暂停执行程序
6	手动示教（TEACH）		功能打开时,机床按程序执行但受手轮旋钮控制,手轮选择机床进给开启,手轮停止,机床即可停止,一般用于调试程序
7	程序重开（PROGRAM RESTART）		在程序运行过程中或暂停模式下,按下此键程序返回程序头,重新执行程序
8	机床锁住（MACHINE LOCK）		功能打开时,机床所有轴锁住,程序运行时,坐标移动,但机床机械结构不走
9	空运行（DRN）		功能打开时,机床 F 指令无效,所有坐标移动指令均视为快速移动

(5) 其他功能按钮

FANUC 数控机床其他功能按钮的功能如表 1.4 所示。

表 1.4　FANUC 其他功能按钮

序号	名称	图标	功能
1	急停按钮		按下此键,所有进给、主轴动力设备均掉电。一般关机前需按下此键,在紧急情况下可按此键,机床将迅速停止
2	程序保护		只有打开该开关,才允许编辑程序、更改机床参数
3	进给倍率旋钮		进给倍率,0~120%可调
4	转速倍率旋钮		转速倍率,50%~120%可调
5	冷却液		在手动模式下,打开该按钮,冷却液开启
6	手动换刀		在手动模式下,通过该按钮可以手动换刀
7	主轴正转		在手动模式下,按下此按钮,可以使主轴按设定转速正转

续表

序号	名称	图标	功能
8	主轴停止		在手动模式下,按下此按钮,可以使主轴停止转动
9	主轴反转		在手动模式下,按下此按钮,可以使主轴按设定转速反转
10	复位		按下此按钮,机床复位
11	帮助		按下此按钮,打开帮助文档

1.4.2 FANUC 数控系统基本操作

机床基本操作包括:开机、关机、返回参考点、切换显示界面、切换运行方式、主轴转动、相对坐标清零、移动刀具到指定位置、程序的新建与保存等,具体操作步骤如表1.5所示。

表 1.5 机床基本操作

操作项目	操作步骤
开机	1. 打开机床侧面的强电开关; 2. 按下控制面板上的绿色的控制器接通开关,接通CNC电源,等待系统启动; 3. 急停解除,复位
关机	1. 首先按下数控系统控制面板的急停按钮; 2. 按下 POWER OFF 按钮关闭系统电源; 3. 关闭机床电源; 4. 关闭总电源。 注:在关闭机床前,尽量将 X、Y、Z 轴移动到机床的大致中间位置,以保持机床的重心平衡。同时也方便下次开机后返回参考点时,防止机床移动速度过大而超程
返回参考点	1. 点击返回参考点按钮; 2. 按住 Z,复位 Z 轴; 3. 按住 X、Y 复位 X、Y 轴
切换显示界面	1. 程序界面; 2. 坐标; 3. 图形; 4. 联合; 5. 设置
切换运行方式	1. 自动,自动单段; 2. 手动; 3. MDI; 4. 手轮; 5. 编辑
主轴转动	1. 切换至 MDI; 2. 输入 M03 S500; 3. 按下循环启动按钮,主轴开始旋转; 4. 切换至手动; 5. 主轴停止,按操作面板上的 Cstop; 6. 主轴正转,按操作面板上的 CW; 7. 点击 STOP,主轴停止; 8. 主轴反转,按操作面板上的 CCW; 9. 复位 Reset

续表

操作项目	操作步骤
相对坐标清零	1. 将刀具移动至工作台中心合适位置; 2. 切换至位置(pos)界面; 3. 选择相对坐标界面; 4. 点击"起源"; 5. 输入 X; 6. 点击执行; 7. 按此方式将 X、Y、Z 均清零
移动刀具到指定位置	1. 切换至手轮或增量操作模式; 2. 将刀具移至 X100.345,Y−34.543,Z−15.235; 提示:手轮上有倍率旋钮,可以调整尾数
程序新建、保存、执行	1. 切换至编辑模式; 2. 切换至程序界面; 3. 输入 O1401,并按下"插入键"(INSERT 键),程序新建完成; 4. 输入以下内容: G91 G21 G80 G40 G17; M03 S800 G01 X200 F1000; Y100; X−200; Y−100; M05; M30; 5. 退出; 6. 调入程序,输入 O1401,并按 ↓ ,将刚才新建的程序设定成主程序; 7. 点击循环启动按钮,执行该程序

任务实施

课程任务单

实训任务1.4		数控铣床基本操作	
学习小组:	班级:		日期:
小组成员(签名):			

任务描述(小组成员均需完成)

序号	操作项目	操作步骤	完成情况
1	开机		
2	关机		
3	返回参考点		
4	切换显示界面		
5	切换运行方式		
6	主轴转动		
7	相对坐标清零		
8	移动刀具到指定位置		
9	程序新建、保存、执行		

任务 5 对刀原理及对刀方法

相关知识

1.5.1 对刀点的确定

对刀点是工件在机床上定位（或找正）装夹后，用于确定工件坐标系在机床坐标系中位置的基准点。

一般来讲，加工中心对刀点应选择在工件坐标系原点上，或至少 X、Y 方向重合，这样有利于编程，保证对刀精度，减少对刀误差。

当然也可以将对刀点或对刀基准设在夹具的定位元件上，这样可直接以定位元件为对刀基准对刀，有利于批量加工时工件坐标系位置的准确。

1.5.2 对刀方法

(1) 工件坐标系原点（对刀点）为圆柱孔（或圆柱面）的中心线

① 采用杠杆百分表（或千分表）对刀，如图 1.41 所示。

特点：操作烦琐，效率较低，但对刀精度高，特别适合于对孔或柱面等要求精度较高的场所。

② 采用寻边器对刀，如图 1.42 所示。

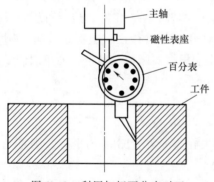

图 1.41 利用杠杆百分表对刀

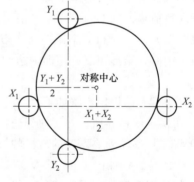

图 1.42 寻边器对刀

特点：操作简单，效率较高。

(2) 工件坐标系原点为两相互垂直直线的交点

① 碰刀试切法对刀方式。将刀具旋转起来，缓慢接触工件，当有接触的声音或产生细小的切削时表明刀具与工件刚好接触，该方法操作方便，当对刀精度要求不高时可以使用，如图 1.43 所示。

在试切法对刀时往往会在工件上留下轻微的痕迹，为避免在工件表面留下痕迹。可以借助塞尺或块规，如图 1.44 所示。

② 通过寻边器对刀。如图 1.45 所示，光电寻边器的测头一般为 10mm 的钢球，用弹簧拉紧在光电式寻边器的测杆上，碰到工件时可以退让，并将电路导通，发出光信号，并伴有蜂鸣声。光电寻边器对刀时接触现象明显，对刀精度高；光电寻边器对刀时可以旋转，也可以不旋转。

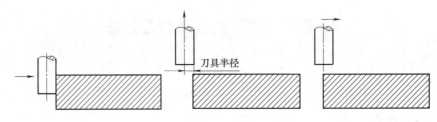

图 1.43 碰刀对刀方式

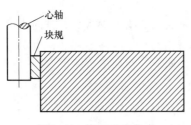

图 1.44 塞尺对刀方式

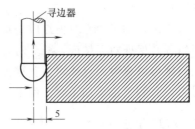

图 1.45 光电寻边器对刀

与光电寻边器类似的还有机械寻边器，机械寻边器对刀时必须旋转，切转速应在 500r/min 左右，若转速太高，机械寻边器容易损坏。

(3) 工件坐标系设定

所谓数控机床对刀的本质就是计算出工件坐标系的原点到机床参考点之间的坐标，并将该坐标的数值输入到 G54~G59 等指定的寄存器中。工件坐标系设定时，应尽可能和设计基准一致，以方便编程和减小误差。一般来讲，在设计和编程时往往将坐标系设置到圆孔中心、矩形中心、矩形角点、矩形一边中心等。对刀是应根据实际情况确定，力争跟图纸基准一致。

工件坐标系的设定步骤如下：

① 切换至偏移界面，并切换到坐标系界面，如图 1.46 所示。

② 将光标移动到要设置的坐标的方格上，例如现在需要设置 G54 的坐标，则将光标移动到 G54 的位置，如图 1.47 所示。

③ 如果现在刀具相对于工件坐标系的坐标是（X0，Y0，Z50）处，那么依次输入 X0->测量，输入 Y0->测量，Z50->测量，则工件坐标系设置完成。如图 1.48 所示，是 X 坐标系设定过程。

图 1.46 坐标系设定界面

图 1.47 G54 坐标系设定

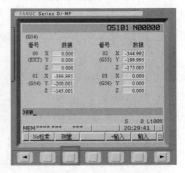

图 1.48 X 坐标设定

1.5.3 对刀具体操作

本文主要介绍利用试切法对矩形中心和矩形角点的对刀方法，具体操作方法如表 1.6、表 1.7 所示，其他点位的对刀方法类似。

表 1.6 利用试切法对矩形中心对刀

序号	操作模块	操作步骤
1	安装工件	1. 利用虎钳扳子打开虎钳； 2. 放好垫铁(注意:垫铁必须放在虎钳平整处,如果是两块垫铁平行放置,垫铁必须一样高)； 3. 放好工件,工件应靠固定端放置,避免夹紧虎钳时,工件移动太大； 4. 稍微夹紧工件； 5. 敲击工件,使其与垫铁靠紧,垫铁不能移动为准； 6. 进一步夹紧工件,注意垫铁是否松动,如松动需敲紧；敲紧时,力度不宜过大； 7. 夹紧工件； 8. 取下虎钳扳子,拿走工作台上,多余的垫铁和工具
2	安装刀具/寻边器	1. 切换工作模式为手动； 2. 换刀允许打开； 3. 取下刀具(或工具)； 4. 安装刀具(或工具)； 5. 换刀允许关闭； 提示:刀具安装好后可以转动,刀具取下时,不可以转动
3	X 方向对刀	1. 切换到 MDI 模式,输入 M03 S500； 2. 执行 MDI 程序,主轴旋转； 3. 切换为手轮模式； 4. 切换手轮控制方向,倍率×100； 5. 接近工件左边到合适位置(高度合适,距离合适)； 6. 切换至坐标页面,并将相对坐标 Z 清零； 7. 切换手轮至 X 方向,倍率×100,进一步接近工件,提示:当接近工件时,只能一格一格地拨手轮； 8. 切换手轮至 X 方向,倍率×10,直至触碰到工件。提示:当接近工件时,只能一格一格地拨手轮； 9. 将相对坐标 X 清零； 10. 反方向移动 X,使其离开工件； 11. 切换手轮至 Z 方向,倍率×100,抬刀至工件上方； 12. 越过工件上方,至工件右边合适位置,注意可将 Z 下降到相对坐标 0 位置； 13. 按照 7.、8. 的方法触碰工件右边； 14. 记下此时 X 的相对坐标 $X1$,反方向移动 X,使其离开工件； 15. 切换手轮至 Z 方向,倍率×100,抬刀至工件上方； 16. 移动 X 至 X 数值的 1/2 处,X 相对清零
4	Y 方向对刀	1. 接近工件前方到合适位置(高度合适,距离合适),Z 下降到相对 $Z0$ 处； 2. 切换手轮至 Y 方向,倍率×100,进一步接近工件,提示:当接近工件时,只能一格一格地拨手轮； 3. 切换手轮至 Y 方向,倍率×10,直至触碰到工件。提示:当接近工件时,只能一格一格地拨手轮； 4. 将相对坐标 Y 清零； 5. 反方向移动 Y,使其离开工件； 6. 切换手轮至 Z 方向,倍率×100,抬刀至工件上方； 7. 越过工件上方,至工件右边合适位置,注意可将 Z 下降到相对坐标 0 位置； 8. 按照 2.、3. 的方法触碰工件后边； 9. 记下此时 X 的相对坐标 $X1$,反方向移动 Y,使其离开工件； 10. 切换手轮至 Z 方向,倍率×100,抬刀至工件上方； 11. 移动 Y 至 Y 数值 1/2 处,Y 相对清零

序号	操作模块	操作步骤
5	设置 G54(XY)	1. 移动 XY 至相对坐标值 X0,Y0; 2. 切换至坐标系设定页面; 3. 将光标移动至 G54 X 内; 4. 输入 X0,点击测量; 5. 将光标移动至 G54 Y 内; 6. 输入 Y0,点击测量
6	Z 方向对刀	1. 移动刀具至工件上方合适位置; 2. 切换手轮至 Z 方向,倍率×100,进一步接近工件,提示:当接近工件时,只能一格一格地拨手轮; 3. 切换手轮至 Z 方向,倍率×10,直至触碰到工件。提示:当接近工件时,只能一格一格地拨手轮; 4. 将光标移至将光标移动至 G54 Z 内; 5. 输入 Z0,点击测量; 6. 切换至相对坐标界面,Z 相对清零; 7. 反方向移动 Z,使其离开工件; 8. 切换手轮至 Z 方向,倍率×100,抬刀远离工件; 9. 切换手轮至 OFF,倍率×1,放下手轮
7	对刀验证	1. 确保 Z 方向在工件的上方一定高度; 2. 切换至 MDI 面板; 3. 将进给倍率旋钮打到 0%,将快速倍率选到×1; 4. 输入 G90 G54 G01 X0 Y0 F3000; 5. 执行程序查看是否到预想位置; 6. 输入 G90 G54 G01 Z150 F3000; 7. 执行程序查看是否到预想位置; 8. 复位

表 1.7 利用试切法对矩形角点对刀

序号	操作模块	操作步骤
1	安装工件	表 1.6 相关内容
2	测量刀具	测量刀具直径 D,一般铣刀的直径都是精磨标准的整数,可查看铣刀柄部标识
3	安装刀具/寻边器	表 1.6 相关内容
4	X 方向对刀	1. 切换到 MDI 模式,输入 M03 S500; 2. 执行 MDI 程序,主轴旋转; 3. 切换为手轮模式; 4. 切换手轮控制方向,倍率×100; 5. 接近工件左边到合适位置(高度合适,距离合适); 6. 切换至坐标界面,并将相对坐标 Z 清零; 7. 切换手轮至 X 方向,倍率×100,进一步接近工件,提示:当接近工件时,只能一格一格地拨手轮; 8. 切换手轮至 X 方向,倍率×10,直至触碰到工件。提示:当接近工件时,只能一格一格地拨手轮; 9. 将相对坐标 X 清零; 10. 反方向移动 X,使其离开工件; 11. 切换手轮至 Z 方向,倍率×100,抬刀至工件上方; 12. 移动 X 至相对 X(D/2),X 相对清零
5	Y 方向对刀	1. 接近工件前方到合适位置(高度合适,距离合适),Z 下降到相对 Z0 处; 2. 切换手轮至 Y 方向,倍率×100,进一步接近工件,提示:当接近工件时,只能一格一格地拨手轮; 3. 切换手轮至 Y 方向,倍率×10,直至触碰到工件。提示:当接近工件时,只能一格一格地拨手轮; 4. 将相对坐标 Y 清零; 5. 反方向移动 Y,使其离开工件; 6. 切换手轮至 Z 方向,倍率×100,抬刀至工件上方; 7. 移动 Y 至相对 Y(D/2),Y 相对清零

续表

序号	操作模块	操作步骤
6	设置 G54(X Y)	1. 移动 X、Y 至相对 X0,Y0； 2. 切换至坐标系设定界面； 3. 将光标移动至 G54 X 内； 4. 输入 X0,点击测量； 5. 将光标移动至 G54 Y 内； 6. 输入 Y0,点击测量
7	Z 方向对刀	表 1.6 相关内容
8	对刀验证	表 1.6 相关内容

任务实施

课程任务单

实训任务 1.5		数控铣床对刀操作	
学习小组：	班级：		日期：
小组成员(签名)：			
任务描述(小组成员均需完成)			
序号	操作项目	操作步骤	完成情况
1	矩形中心对刀		
2	矩形角点对刀		

思 考 题

1. 数控铣床与加工中心的区别？
2. 数控铣床的坐标系一般是如何规定的？
3. 如何利用 MDI 实现主轴旋转？
4. 数控铣床对刀的实质是什么？
5. 矩形中心对刀的操作步骤？
6. 矩形角点对刀的具体操作步骤？

项目 2

简单铣削零件编程

项目导入

数控编程介绍

数控机床是按照事先编制好的零件加工程序自动地对工件进行加工的高效自动化设备。在数控编程之前,编程人员首先应了解所用数控机床的规格、性能、数控系统所具备的功能及编程指令格式等。编制程序时,应先对图纸规定的技术要求,零件的几何形状,尺寸及工艺要求进行分析,确定加工方法和加工路线,再进行数学计算,获得刀位数据,然后按数控机床规定的代码和程序格式,将工件的尺寸、刀具运动中心轨迹、位移量、切削参数以及辅助功能(换刀、主轴正反转、冷却液开关等)编制成加工程序,并输入数控系统,由数控系统控制数控机床自动地进行加工。图2.1所示为典型的三轴数控铣床。

图 2.1 三轴数控铣床

知识目标

1. 掌握基本加工路径的描述方法;
2. 初步掌握粗加工手动编程方式:子程序层切等编程方法;
3. 掌握数控铣床基本代码、带圆弧轮廓编程、刀具半径补偿等编程方法;
4. 掌握数控铣床的坐标变换功能——坐标平移、坐标旋转、镜像等。

技能目标

1. 掌握数控基本编程代码的含义与用法;
2. 能够利用子程序层切法编写简单零件的粗精加工程序;
3. 能够利用坐标平移、坐标旋转、子程序等编程方法编写程序。

任务 1 数控铣床基本代码指令认知

相关知识

通过编程并运行这些程序而使数控机床能够实现加工的功能称之为可编程功能。一般可编程功能分为两类：一类用来实现刀具轨迹控制即各进给轴的运动，如直线/圆弧插补、进给控制、坐标系原点偏置及变换、尺寸单位设定、刀具偏置及补偿等，这一类功能被称为准备功能，常以字母 G 以及两位数字组成，也被称为 G 代码；另一类功能被称为辅助功能，用来完成程序的执行控制、主轴控制、刀具控制、辅助设备控制等功能。在这些辅助功能中，T××用于选刀，S×××用于控制主轴转速。其他功能以字母 M 与两位数字组成的 M 代码来实现。

2.1.1 辅助功能

本课程以 FANUC0i-MD 为例，介绍数控机床的基本编程代码，可编程辅助功能由 M 代码来实现，用 S 代码来对主轴转速进行设定，用 T 代码来进行选刀编程。常用的 M 代码如表 2.1 所示。

表 2.1　FANUC0i-MD 系统 M 代码表

M 代码	功能	M 代码	功能
M00	程序停止	M18	主轴定向解除
M01	条件程序停止	M19	主轴定向
M02	程序结束	M29	刚性攻螺纹
M03	主轴正转	M30	程序结束并返回程序头
M04	主轴反转	M98	调用子程序
M05	主轴停止	M99	子程序结束并返回主程序
M06	刀具交换		
M08	冷却开		
M09	冷却关		

在机床中，M 代码分为两类：一类由 NC 直接执行，用来控制程序的执行；另一类由 PMC 来执行，控制主轴、ATC 装置、冷却系统。

程序控制用 M 代码包括 M00、M01、M02、M30、M98、M99，其功能如下。

M00：程序停止，NC 执行到 M00 时，中断程序的执行，按循环起动按钮可以继续执行程序；

M01：条件程序停止，NC 执行到 M01 时，若 M01 有效开关置于开位，则 M01 与 M00 指令有同样效果，如果 M01 有效开关置于关位，则 M01 指令不起任何作用。

M02：程序结束，遇到 M02 指令时，NC 认为该程序已经结束，停止程序的运行并发出一个复位信号。

M30：程序结束，并返回程序头。在程序中，M30 除了起到与 M02 同样的作用外，还使程序返回程序头，准备下一个零件的加工。

M98：调用子程序；例如 M98 P3002 L3 表示调用 3 次程序名为 O3002 的子程序；在 FANUC 0i 系统中，子程序还可以调用另一个子程序，嵌套深度为 4 级。

M99：子程序结束，返回主程序。在子程序结束时使用 M99 代码，表示子程序结束并返回主程序。

其他常用 M 代码还包括 M03、M04、M05、M06、M08、M09、M18、M19、M29 等，其功能如下。

M03：主轴正转，使用该指令使主轴以当前指定的主轴转速顺时针（CW）旋转。

M04：主轴反转，使用该指令使主轴以当前指定的主轴转速逆时针（CCW）旋转。

M05：主轴停止，使用该指令使主轴立即停止转动；

M06：自动刀具交换；
M08：冷却液打开；
M09：冷却液关闭；
M18：主轴定向解除；
M19：主轴定向准停；
M29：主轴定下，刚性攻螺纹用。

2.1.2 进给功能

进给功能 F：指定刀具的进给速率。单位为 mm/min 或 mm/r，默认为 mm/min。

数控机床的进给一般可以分为两类：快速定位进给及切削进给。

快速定位进给在指令 G00、手动快速移动、固定循环时点位之间快速运动时出现。快速定位进给的速度是由机床参数给定的，并可由快速倍率开关或快速倍率按钮 100%、50%、25% 及 F0 控制。快速倍率开关在 100% 的位置时，快速定位进给的速度对于 X、Y、Z 三轴来说，都是机床参数设定的最高速度，如 15000mm/min。快速倍率开关在 F0 的位置时，X、Y、Z 三轴由参数设定的速度低速运行，如 500mm/min。快速定位进给时，参与进给的各轴之间的运动是互不相关的，分别以自己给定的速度运动，一般来说，刀具的轨迹是一条折线。

切削进给出现在 G01、G02/03 以及固定循环中的加工进给的情况下，切削进给的速度由地址 F 给定。在加工程序中，F 是一个模态值，即在给定一个新的 F 值之前，原来编程的 F 值一直有效。参与进给的各轴之间是插补的关系，它们运动合成即是切削进给运动。

切削进给的速度还可以由操作面板上的进给倍率开关来控制，实际的切削进给速度应该为 F 的给定值与倍率开关给定倍率的乘积。

2.1.3 转速功能 S

主轴转速功能：也称 S 功能，指定主轴每分钟的旋转速度，r/min。

详细说明请参阅机床使用说明书主轴转速指令（S 代码）。

一般机床主轴转速范围是 20～6000r/min（转每分）。主轴的转速指令由 S 代码给出，S 代码是模态的，即转速值给定后始终有效，直到另一个 S 代码改变模态值。主轴的旋转指令则由 M03 或 M04 实现。

2.1.4 刀具功能 T

机床刀具库使用任意选刀方式，即由 T 代码＋刀具号组成，T×× 指定刀具号而不必管这把刀在刀库的哪一个刀套中，地址 T 的取值范围可以是 1～99 之间的任意整数，在 M06 之前必须有一个 T 代码，如果 T 指令和 M06 出现在同一程序段中，则 T 代码也要写在 M06 之前。

警告：刀具表一定要设定正确，并做好记录，如果与实际不符，将会严重损坏机床，并造成不可预计的后果。

T×× 表示选择刀具，用字母 T，后跟两位数字表示，如 T01。

M06 表示换刀动作，如 T01，M06。

2.1.5 G 代码

如表 2.2 所示，FANUC 数控系统包含很多 G 代码，分别代表不同的含义，从表中可以看到，G 代码被分为了不同的组，这是由于大多数的 G 代码是模态的，所谓模态 G 代码，是指这些 G 代码不只在当前的程序段中起作用，而且在以后的程序段中一直起作用，直到程序中出现另一个同组的 G 代码为止，同组的模态 G 代码控制同一个目标但起不同的作用，它们之间是不相容的。00 组的 G 代码是非模态的，这些 G 代码只在它们所在的程序段中起作用。标有 * 号的 G 代码是上电时的初始状态。对于 G01 和 G00、G90 和 G91 上电时的初始状态由参数决定。

如果程序中出现了未列在上表中的 G 代码，CNC 会显示报警。

同一程序段中可以有几个 G 代码出现，但当两个或两个以上的同组 G 代码出现时，最后出现的一个（同组的）G 代码有效。

在固定循环模态（如 G81）下，任何一个 01 组的 G 代码都将使固定循环模态自动取消，成为 G80 模态。

表 2.2 FANUC 数控铣床 G 代码表

G 代码	分组	功能描述	G 代码	分组	功能描述
*G00	01	定位(快速移动)	G61	15	精确停止方式
*G01	01	直线插补(进给速度)	*G64	15	切削方式
G02	01	顺时针圆弧插补	G65	00	宏程序调用
G03	01	逆时针圆弧插补	G66	12	模态宏程序调用
G04	00	暂停,精确停止	*G67	12	模态宏程序调用取消
G09	00	精确停止	G73	09	深孔钻削固定循环
*G17	02	选择 XY 平面	G74	09	左旋攻螺纹固定循环
G18	02	选择 ZX 平面	G76	09	精镗固定循环
G19	02	选择 YZ 平面	*G80	09	取消固定循环
G27	00	返回并检查参考点	G81	09	钻削固定循环
G28	00	返回参考点	G82	09	钻削固定循环
G29	00	从参考点返回	G83	09	深孔钻削固定循环
G30	00	返回第二参考点	G84	09	攻螺纹固定循环
*G40	07	取消刀具半径补偿	G85	09	镗削固定循环（孔底无动作、切削进给退刀）
G41	07	左侧刀具半径补偿			
G42	07	右侧刀具半径补偿	G86	09	镗削固定循环（孔底主轴停、快速移动退刀）
G43	08	刀具长度补偿＋			
G44	08	刀具长度补偿－	G87	09	反镗固定循环
*G49	08	取消刀具长度补偿	G88	09	镗削固定循环（孔底暂停-主轴停、手动退刀）
G52	00	设置局部坐标系			
G53	00	选择机床坐标系	G89	09	镗削固定循环（孔底暂停、切削进给退刀）
*G54	14	选用 1 号工件坐标系			
G55	14	选用 2 号工件坐标系	*G90	03	绝对值指令方式
G56	14	选用 3 号工件坐标系	*G91	03	增量值指令方式
G57	14	选用 4 号工件坐标系	G92	00	工件零点设定
G58	14	选用 5 号工件坐标系	*G98	10	固定循环返回初始点
G59	14	选用 6 号工件坐标系	G99	10	固定循环返回 R 点
G60	00	单一方向定位			

常见 G 代码的含义如下：

(1) 工件坐标系的指定

指令格式：G54/G55/ G56 /G57/ G58/ G59

说明：

① G54～G59 指令可以分别用来选择相应的工件坐标系，工件坐标系是通过 CRT/MDI

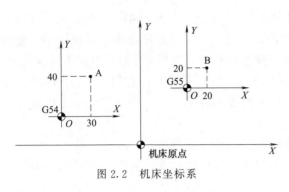

图 2.2 机床坐标系

方式进行工件设置的。在电源接通并返回参考点后，系统自动选择 G54 坐标系。

② G54～G59 为模态指令，可相互取消。

③ 在加工比较复杂的零件时，为编程方便，可用 G54～G59 指令对不同的加工部位设定不同的工件坐标系，但这些工件坐标系原点的值，在参数设置方式下应输入到相应的位置。

例：如图 2.2 所示，使用工件坐标系编程，要求刀具从当前点移动到 A 点，再从 A 点移动到 B 点。程序如下：

G54 G00 G90 X30 Y40;（到达 A 点）
G55 G00 X20 Y20;（到达 B 点）

(2) 绝对编程和增量编程指令

指令格式：G90/G91。

说明：

① G90 绝对编程方式下，每个编程坐标轴上的编程值是相对于编程原点而言；

② G91 增量编程方式下，每个编程坐标轴上的编程值是相对于前一位置而言，该值等于轴移动的距离；

③ 机床刚开机时默认 G90 模式；

④ G90 和 G91 都是模态（续效）指令。

绝对坐标和相对坐标编程方式如图 2.3 所示。

(3) 单位制选择

G20 英制单位（in），1in=25.4mm。
G21 公制单位（mm）。

(4) 平面选择

G17 选择 XOY 平面。
G18 选择 ZOX 平面。
G19 选择 YOZ 平面。

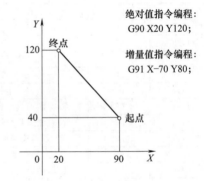

图 2.3 绝对坐标和相对坐标编程举例

(5) 快速定位（G00）

格式：G00 X_Y_Z_;

IP(X_Y_Z_) 代表任意不超过三个进给轴地址的组合，当然，每个地址后面都会有一个数字作为赋给该地址的值，一般机床有三个进给轴 X、Y、Z。

G00 这条指令所做的就是使刀具以快速的速率移动到 IP(X_Y_Z_) 指定的位置，被指令的各轴之间的运动是互不相关的，也就是说刀具移动的轨迹不一定是一条直线。G00 指令下，快速倍率为 100% 时，各轴运动的速度：X、Y、Z 轴均按系统设定的最高速度（一般为 15000mm/min）运行，该速度不受当前 F 值的控制。当各运动轴到达运动终点并发出位置到达信号后，CNC 认为该程序段已经结束，并转向执行下一程序段。

位置到达信号：当运动轴到达的位置与指令位置之间的距离小于参数指定的到位宽度时，CNC 认为该轴已到达指令位置，并发出一个相应信号即该轴的位置到达信号。

例如：起始点位置为 X－50，Y－75；指令 G00 X150 Y25；使刀具走出的轨迹如图 2.4 所示。

(6) **直线插补**（G01）

格式：G01 X_Y_Z_ F_;

G01 指令使当前的插补模态成为直线插补模态，刀具从当前位置移动到 IP(X_Y_Z_) 指定的位置，其轨迹是一条直线，F_指定刀具沿直线运动的速度，单位为 mm/min。该指令是我们最常用的指令之一。

例如：假设当前刀具所在点为（X－50.0，Y－75.0），则程序段

N1 G01 X150 Y25 F100；

N2 X50 Y75；

将使刀具走出如图 2.5 所示轨迹。

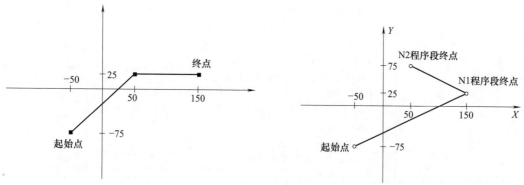

图 2.4 G00 快速定位点刀具移动轨迹　　图 2.5 G01 直线插补刀具移动轨迹

大家可以看到，程序段 N2 并没有指令 G01，由于 G01 指令为模态指令，所以 N1 程序段中所指令的 G01 在 N2 程序段中继续有效，同样，指令 F100 在 N2 段也继续有效，即刀具沿两段直线的运动速度都是 100mm/min。

(7) **自动返回参考点**（G28）

格式：G28 X_Y_Z_;

该指令使主轴以快速定位进给速度经由 IP(X_Y_Z_) 指定的中间点返回机床参考点，中间点的指定既可以是绝对值方式的也可以是增量值方式的，这取决于当前的模态。例如：该指令用于整个加工程序结束后使工件移出加工区，以便卸下加工完毕的零件和装夹待加工的零件。

注意：为了安全起见，在执行该命令以前应该取消刀具半径补偿和长度补偿。

G28 指令中的坐标值将被 NC 作为中间点存储，另一方面，如果一个轴没有被包含在 G28 指令中，NC 存储的该轴的中间点坐标值将使用以前的 G28 指令中所给定的值。例如：

N1 X20.0 Y54.0；

N2 G28 X－40.0 Y－25.0；　　　//中间点坐标值(－40.0,－25.0)

N3 G28 Z31.0；　　　　　　　　//中间点坐标值(－40.0,－25.0,31.0)

注：G28 指令可以使刀具从任何位置以快速定位方式经中间点返回参考点，常用于刀具自动换刀的程序段，G29 指令使刀具从参考点经由一个中间点而定位于定位终点，它通常紧跟在 G28 指令之后。用 G29 指令可使所有被指令的轴以快速进给经由 G28 指令定义的中间点，然后到达指定点。

任务实施

课程任务单

实训任务 2.1		数控铣床基本代码指令认知	
学习小组：	班级：		日期：
小组成员（签名）：			

任务描述（小组成员均需完成）

序号	操作项目	操作内容	完成情况
1	M 代码	1. 利用 M 代码实现主轴正转、反转、控制主轴转速； 2. 利用 M 代码控制冷却液开、冷却液关	
2	刀具功能	1. 在刀库没有刀具、主轴没有刀具的情况下实训刀库动作； 2. 一次在主轴上装上 1 号刀具、2 号刀具； 3. 实训刀具自动换刀	
3	坐标选择	1. 找两点，分别设定为 G54、G55 坐标系； 2. 在 MDI 模式下，调用 G54 坐标系，并走刀至(0,0,100)这一点； 3. 在 MDI 模式下，调用 G55 坐标系，并走刀至(0,0,100)这一点	
4	绝对坐标刀具移动	1. 选择 G54 坐标系； 2. 利用直线插补，依次通过指定点； 3. 利用快速定位，依次通过指定点	
5	相对坐标刀具移动	1. 手动移动刀具到确定位置； 2. 利用直线插补，依次通过指定点； 3. 利用快速定位，依次通过指定点	

任务 2 数控铣床程序基本结构认知

相关知识

2.2.1 程序结构

早期的 NC 加工程序，是以纸带为介质存储的，为了保持与以前系统的兼容性，我们所用的 NC 系统也可以使用纸带作为存储的介质，所以一个完整的程序还应包括由纸带输入输出程序所必须的一些信息。这样，一个完整的程序应由下列几部分构成。

① 纸带程序起始符（Tape Start） 该部分在纸带上用来标识一个程序的开始，符号是"％"。在机床操作面板上直接输入程序时，该符号由 NC 自动产生。

② 前导（Leader Section） 第一个换行（LF）（ISO 代码的情况下）或回车（CR）（EIA 代码的情况下）前的内容被称为前导部分。该部分与程序执行无关。

③ 程序起始符（Program Start） 该符号标识程序正文部分的开始，ISO 代码为 LF，EIA 代码为 CR。在机床操作面板上直接输入程序时，该符号由 NC 自动产生。

④ 程序正文（Program Section） 位于程序起始符和程序结束符之间的部分为程序正文

部分，在机床操作面板上直接输入程序时，输入和编辑的就是这一部分。程序正文的结构请参考下一节的内容。

⑤ 注释（Comment Section） 在任何地方，一对圆括号之间的内容为注释部分，NC对这部分内容只显示，在执行时不予理会。

⑥ 程序结束符（Program End） 用来标识程序正文的结束，所用符号如表2.3所示。

表2.3 程序结束符

ISO 代码	EIA 代码	含义
M02LF	M02CR	程序结束
M30LF	M30CR	程序结束，返回程序头
M99LF	M99CR	子程序结束

ISO代码的LF和EIA代码的CR，在操作面板的屏幕上均显示为"；"。

⑦ 纸带程序结束符（Tape End） 用来标识纸带程序的结束，符号为"％"。在机床操作面板上直接输入程序时，该符号由NC自动产生。

2.2.2 程序正文结构

(1) 地址和词

在加工程序正文中，一个英文字母被称为一个地址，一个地址后面跟着一个数字就组成了一个词。每个地址有不同的意义，它们后面所跟的数字也因此具有不同的格式和取值范围，参见表2.4。

表2.4 地址符的取值范围

功能	地址	取值范围	含义
程序号	O	1～9999	程序号
顺序号	N	1～9999	顺序号
准备功能	G	00～99	指定数控功能
尺寸定义	X,Y,Z	±99999.999mm	坐标位置值
	R		圆弧半径，圆角半径
	I,J,K	±9999.9999mm	圆心坐标位置值
进给速率	F	1～100,000mm/min	进给速率
主轴转速	S	1～32000r/min	主轴转速值
选刀	T	0～99	刀具号
辅助功能	M	0～99	辅助功能M代码号
刀具偏置号	H,D	1～200	指定刀具偏置号
暂停时间	P,X	0～99999.999	暂停时间(X_{-s}、P_{-ms})
指定子程序号	P	1～9999	调用子程序用
重复次数	P,L	1～999	调用子程序用
参数	P,Q	P为0～99999.999 Q为±99999.999	固定循环参数

(2) 程序段结构

一个加工程序由许多程序段构成，程序段是构成加工程序的基本单位。程序段由一个或更多的词构成并以程序段结束符（EOB，ISO代码为LF，EIA代码为CR，屏幕显示为"；"）作为结尾。另外，一个程序段的开头可以有一个可选的顺序号N××××用来标识该程序段，一般来说，顺序号有两个作用：一是运行程序时便于监控程序的运行情况，因为在任何时候，程序号和顺序号总是显示在CRT的右上角；二是在分段跳转时，必须使用顺序号来标识调用或跳转位置。必须注意，程序段执行的顺序只和它们在程序存储器中所处的位置有关，而与它们的顺序号无关，也就是说，如果顺序号为 N20 的程序段出现在顺序号为 N10 的程序段前面，也一样先执行顺序号为 N20 的程序段。如果某一程序段的第一个字符为"/"，则表示该程序段为条件程序段，即跳段开关在开位时，不执行该程序段，而跳段开关在关位时，该程序段才能被执行。

(3) 主程序和子程序

加工程序分为主程序和子程序，一般地，NC 执行主程序的指令，但当执行到一条子程序调用指令时，NC 转向执行子程序，在子程序中执行到返回指令时，再回到主程序。

当加工程序需要多次运行一段同样的轨迹时，可以将这段轨迹编成子程序存储在机床的程序存储器中，每次在程序中需要执行这段轨迹时便可以调用该子程序。

当一个主程序调用一个子程序时，该子程序可以调用另一个子程序，这样的情况，我们称之为子程序的两重嵌套。一般机床可以允许最多达四重的子程序嵌套。在调用子程序指令中，可以指令重复执行所调用的子程序，可以指令重复最多达 999 次。

一个子程序应该具有如下格式：

在程序的开始，应该有一个由地址 O 指定的子程序号，在程序的结尾，返回主程序的指令 M99 是必不可少的。M99 可以不必出现在一个单独的程序段中，作为子程序的结尾，这样的程序段也是可以的：

G90 G00 X0 Y100 M99；

在主程序中，调用子程序的程序段应包含如下内容：

M98 P×××× L×××；

在这里，地址 P 后面所跟的数字中，四位用于指定被调用的子程序的程序号，L 后的数字指定调用的重复次数。

例如：

M98 P1002 L5；调用 1002 号子程序，重复 5 次。

M98 P1002； 调用 1002 号子程序，重复 1 次。

子程序调用指令可以和运动指令出现在同一程序段中：

如：G90 G00 X－75 Y50 Z53 M98 P0035 L4；

该程序段指令 X、Y、Z 三轴以快速定位进给速度运动到指令位置，然后调用执行 4 次 35 号子程序。

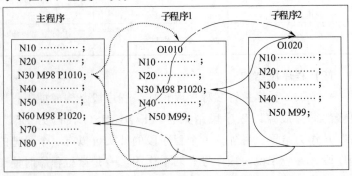

图 2.6　子程序调用程序执行顺序

包含子程序调用的主程序，程序执行顺序如图 2.6 所示。

和其他 M 代码不同，M98 和 M99 执行时，不向机床发送信号。

当 NC 找不到地址 P 指定的程序号时，发出报警。

子程序调用指令 M98 不能在 MDI 方式下执行，如果需要单独执行一个子程序，可以在程序编辑方式下编辑如下程序，并在自动运行方式下执行。

O××××；

M98 P××××；

M02（或 M30）；

在 M99 返回主程序指令中，可以用地址 P 来指定一个顺序号，当这样的一个 M99 指令在子程序中被执行时，返回主程序后并不是执行紧接着调用子程序的程序段后的那个程序段，而是转向执行具有地址 P 指定的顺序号的那个程序段，如图 2.7 所示。

注意：这种主、子程序的执行方式只有在程序存储器中的程序能够使用，DNC 方式下不能使用。

(4) 程序示例

以加工有一个 100mm×100mm 的方台为例，方台高度为 5mm，毛坯大小为 108mm×108mm，使用直径为 12mm 的圆柱立铣刀加工，工件坐标系设定在毛坯的中间上顶面，从左下角起刀，其刀具位置、毛坯、工件、刀具轨迹如图 2.8 所示，其程序代码和注释如表 2.5 和表 2.6 所示。

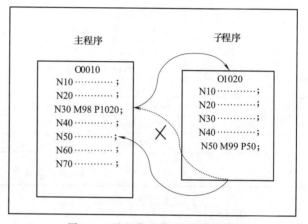

图 2.7 子程序返回到指定程序段

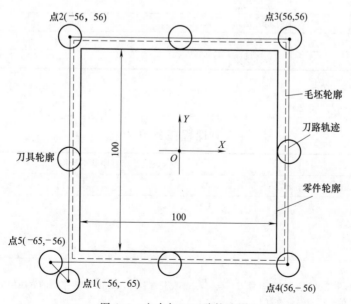

图 2.8 方台加工刀路轨迹图

表 2.5　方台加工主程序说明

代码	说明
%	程序起始符
O1221;	程序名
G90 G54 G21 G17;	程序准备,说明使用绝对坐标方式编程,选用 G54 坐标系,公制单位,选择 XOY 平面,当然一般来讲,这些也是机床默认设置
S1000 M03;	设定主轴转速 1000r/min,主轴正转
G00 X0 Y0;	验证 X、Y 方向对刀是否正确,对于手工编程,初学者必须验证对刀是否正确,如果对刀不正确,机床走不到设定的零点位置需要重新对刀
Z100;	由于 G00 是模态代码,这里可以省略,验证 Z 轴对刀是否正确
Z10;	进入安全平面
X−56 Y−65;	去进刀点
G01 Z0 F1000;	接近工件,准备开始切削,这时 G01 切换为切削进给,进给速度设定为 1000mm/min
M98 P1212 L5;	调用 O1212 子程序,调用 5 次
G01 Z10 F1000;	加工完成,抬刀,返回安全平面
G00 Z100;	远离工件
M05;	主轴停止
M30;	程序结束,并返回程序头
%	程序结束符号

表 2.6　方台加工子程序说明

代码	说明
%	程序起始符
O1212;	子程序名
G90 G01 X−56 Y−65 F1000;	去进刀点,点 1
G91 G01 Z−1 F1000;	Z 方向进刀 1mm,由于每次调用该子程序,均需向 Z 方向进刀 1mm,故需要切换为增量坐标编程
G90 G01 Y56;	描述轮廓,切换为绝对坐标编程方式,并走到点 2
X56;	走刀至点 3
Y−56;	走刀至点 4
X−65;	走刀至点 5
M99;	子程序结束符号
%	程序结束符号

任务实施

课程任务单

实训任务 2.2	数控铣床程序基本结构认知	
学习小组:	班级:	日期:
小组成员(签名):		

任务描述(分小组完成)

　　从下列三个图形中选择一个图形,计算刀具点位,并编制轮廓程序,采用子程序层切的方法加工凸台,每次切削深度 1mm,也可以选择其他合适零件轮廓加工。

续表

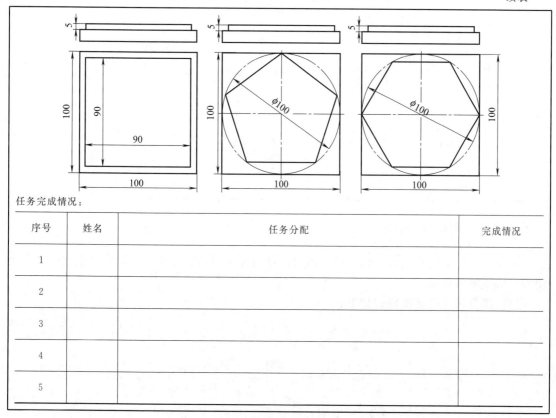

任务完成情况：

序号	姓名	任务分配	完成情况
1			
2			
3			
4			
5			

任务 3　圆弧编程及刀具半径补偿

相关知识

2.3.1　带圆角或倒角的直线插补

在编程过程中，由直线组成的零件轮廓中往往含有倒角或圆角，这些圆角和倒角导致在计算点位的时候显得复杂，可以通过指定倒角距离或圆角半径的方式来描述轮廓，其指令格式如下。

以 G17 平面为例，指定倒角和圆角的方式如下：

倒角指令格式：G17 G01 X_Y_,C_ F_；

倒圆指令格式：G17 G01 X_Y_,R_F_；

X_Y_：倒角定点或圆角定点的坐标；

C：倒角长度；

R：圆角半径。

需要注意的是：①该程序段的下一行必须是 G01 直线插补程序；②指定的圆角半径和倒角长度必须在两段直线段中间。

如表 2.7 所示为指定倒角长度和圆角半径的直线插补编程的用法。

表 2.7 直线插补中圆角和拐角的编程方法

图形	点1(0,0)　点2(20,0)　C5　点3(20,-20)	点1(0,0)　点2(20,0)　R5　点3(20,-20)
代码示例	…… G01 X0 Y0 F1000； X20,C5 Y-20 ……	…… G01 X0 Y0 F1000； X20,R5 Y-20 ……

2.3.2 圆弧插补（G02/G03）

零件的轮廓常由直线和圆弧组成，通过数控机床圆弧插补功能，可以在已指定的平面上使刀具沿一圆弧移动。

(1) 圆弧插补的基本格式如下：

$$XOY \text{ 平面 } G17 \begin{Bmatrix} G02 \\ G03 \end{Bmatrix} X\_Y\_ \begin{Bmatrix} I\_J\_ \\ R\_ \end{Bmatrix} F\_;$$

$$ZOX \text{ 平面 } G18 \begin{Bmatrix} G02 \\ G03 \end{Bmatrix} Z\_X\_ \begin{Bmatrix} I\_K\_ \\ R\_ \end{Bmatrix} F\_;$$

$$YOZ \text{ 平面 } G19 \begin{Bmatrix} G02 \\ G03 \end{Bmatrix} Y\_Z\_ \begin{Bmatrix} J\_K\_ \\ R\_ \end{Bmatrix} F\_;$$

参数含义如下：

G17：XOY 平面选择；

G18：ZOX 平面选择；

G19：YOZ 平面选择；

G02：圆弧插补 顺时针方向（CW）；

G03：圆弧插补 逆时针方向（CCW）；

X_：X 轴移动量；

Y_：Y 轴移动量；

Z_：Z 轴移动量；

I_：圆弧圆心相对于起点的 X 轴向坐标；

J_：圆弧圆心相对于起点的 Y 轴向坐标；

K_：圆弧圆心相对于起点的 Z 轴向坐标；

R_：弧半径（有正负，$R>0$ 表示劣弧；$R<0$ 表示优弧）；

F_：沿弧的进给速度。

(2) 圆弧插补的方向

顺时针方向（G02）、逆时针方向（G03）是指相对于 XOY 平面（ZOX 平面或 YOZ 平面），在笛卡儿坐标系中沿 Z 轴（Y 轴或 X 轴）的正方向向负方向看，如图 2.9 所示。

(3) 圆弧移动量

圆弧的终点由地址 X_、Y_ 或 Z_所指定，根据绝对坐标编程方式 G90 或者增量坐标编程

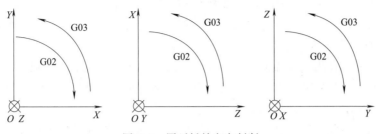

图 2.9 圆弧插补方向判断

方式 G91，来指定是以绝对值或增量值来表示。增量值有正负，表示圆弧终点相对于圆弧起点的坐标。

(4) 通过圆弧中心确定圆弧

可以通过指定圆弧中心的方式来确定圆弧，圆弧中心分别用地址 I_、J_ 或 K_ 来指定，表示圆弧中心相对圆弧起点的 X、Y 或 Z 坐标。I、J 或 K 后的数值表示从圆弧的起点看向圆弧中心的矢量，它是增量值，如图 2.10 所示。注意当这个增量值为零时，即 I0、J0、K0 可以省略。

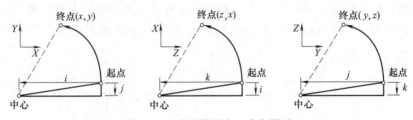

图 2.10 通过圆弧中心确定圆弧

(5) 通过圆弧半径确定圆弧

当使用 I、J 或 K 不方便的时候，圆弧还以通过指定圆半径 R 来指定，在这种情况下，可能会出现小于 180°（劣弧）和大于 180°（优弧）的圆弧，如图 2.11 所示。数控系统规定，小于 180°的圆弧 R 为正值，大于 180°圆弧 R 为负值，如果终点与起点在相同位置，指定 R 时，则认为是 0°的圆弧，机床不移动。

例如：G02 R_；机床不移动。

例：

圆弧 A 绝对坐标表示：G90 G02 X100 Y60 R−40；

圆弧 A 相对坐标表示：G91 G02 X40 Y40 R−40；

圆弧 B 绝对坐标表示：G90 G02 X100 Y60 R40；

圆弧 B 相对坐标表示：G91 G02 X40 Y40 R40；

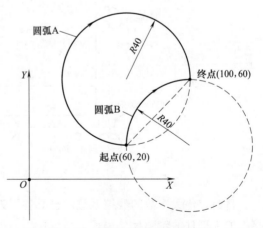

图 2.11 通过圆弧半径确定圆弧

(6) 圆弧使用其他注意事项

当通过圆心位置指定圆弧时，如果起点半径和终点半径值之差超过允许值（参数

No.3410），则会发出报警（PS0020）"半径值超差"。

当描述整圆时，其终点与起点位置相同，终点坐标 X_ Y_或 Z_可以省略，此时只能使用 I_、J_或 K_指定中心来指定圆弧，及 360°的圆弧（整圆）。

使用通过圆弧半径指定圆弧时，180°以内的圆弧，R 为正值；180°以上的圆弧，R 为负值；180°圆弧，R 可以为正，也可以为负，但是在接近 180°圆弧时，中心位置的计算就会产生误差。在这种情况下，建议使用 I、J、K 指定弧中心。

若终点与起点在相同位置使用 R 时，则成为 0°的弧，此时机床不移动，如果起点与终点之间不能构建合适的圆弧，则出现报警。

如果 I、J、K 和 R 被同时指定，则由 R 指定的圆弧优先，I、J、K 则被忽略。

如果指令不在指定平面内的轴，就会发出报警"非法平面选择"。

2.3.3 刀具半径补偿

在机械产品图纸上，往往我们习惯标注零件的最终尺寸，当加工工件的轮廓时，如果用半径为 R 的立铣刀加工，刀具中心的轨迹往往跟工件轮廓相差一个刀具半径，如图 2.12 所示，如果数控系统不具备刀具补偿功能，那么在编程时必须要按照偏离轮廓距离为 R 的刀具中心轨迹的数据来编程，其计算在某些复杂的轮廓中相对是很复杂的，而当刀具磨损后，又得重新按新的刀具中心轨迹来进行计算编程。这样的话，给编程带来了极大的不便。

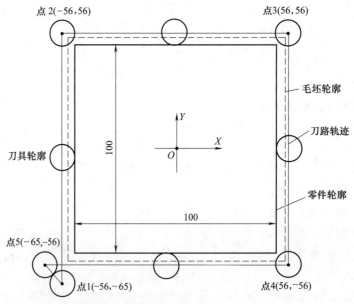

图 2.12　轮廓尺寸与刀具中心轨迹关系

目前，绝大多数的数控系统均已具备了刀具半径补偿功能，在这些数控系统中，可以直接按加工工件的轮廓尺寸编程，系统使用刀补功能进行自动的计算处理，从而使计算及编程均大大简化，数控编程人员必须掌握刀补功能的正确、合理使用的方法。

在 FANUC 0i 数控系统中，刀具半径补偿的实质是指数控系统自动生成加上补偿量以后的刀具轨迹的功能，其作用体现在两个方面：一是在编程时可不必考虑刀具的半径，直接按图样尺寸编程，只要在实际加工时输入刀具的半径补偿值即可；二是刀具磨损引起的刀具半径变化值，可以用刀具半径补偿值来修正。

在实际轮廓加工过程中,刀具补偿功能包含刀补的建立、刀补的运行和刀补的取消三个阶段。

(1) 左刀补(G41)和右刀补(G42)

FANUC 0i-MD 系统中,G41 和 G42 是实现刀补功能最基本的 G 代码,G41 表示左刀补,G42 表示右刀补。G40 表示取消刀补,因它们均为模态代码,故在使用刀补功能后要取消刀补,以免给后续的加工带来不必要的麻烦。

如图 2.13 所示,顺着刀具前进的方向看,刀具在工件的左侧则为左刀补 G41,刀具在工件的右侧则为右刀补 G42。

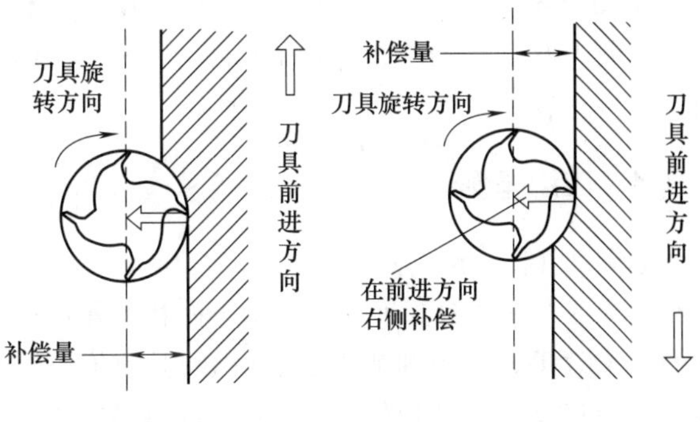

图 2.13 左刀补和右刀补

(2) 刀具半径补偿的建立

在程序中添加刀补的格式为:

$$G17 \begin{Bmatrix} G00 \\ G01 \end{Bmatrix} \begin{Bmatrix} G41 \\ G42 \end{Bmatrix} X\_Y\_D\_;$$

其中:X_Y_为添加刀补的坐标点;D_为刀补号,例如:D02 表示调用刀补列表里 2 号刀补值。

(3) 刀具半径补偿值

在 G41 或 G42 指令中,地址 D 指定了一个补偿号,每个补偿号对应一个补偿值。补偿号的取值范围为 0~200;D0 意味着取消半径补偿。补偿值可以为正,也可以为负,当补偿值为负时,左刀补和右刀补互换。

(4) 刀具半径补偿取消

G40 表示取消刀补,因刀补代码为模态代码,故在使用刀补功能后必须要取消刀补,以免给后续的加工带来不必要的麻烦。

$$G17\ G40 \begin{Bmatrix} G00 \\ G01 \end{Bmatrix} X\_Y\_;$$

(5) 使用刀具半径补偿的注意事项

① 刀具半径补偿建立后,不能改变平面。刀具半径补偿只能在被 G17、G18 或 G19 选择的平面上进行,在刀具半径补偿的模态下,不能改变平面的选择,否则出现 P/S-37 报警。

② 刀补只能在 G00 或 G01 的程序段上建立,不能在 G02/G03 圆弧程序段上建立,否则 NC 会给出 P/S34 号报警。

③ 在刀具半径补偿开始的程序段中,补偿值从零均匀变化到给定的值,同样的情况出现在刀具半径补偿被取消的程序段中,即补偿值从给定值均匀变化到零,所以在这两个程序段中,刀具不应接触到工件。

④ 在刀具半径补偿开始建立的程序段,刀具移动的距离一定要大于刀具的半径,否则出现报警。

⑤ 在建立了刀具半径补偿后,只有取消刀具半径补偿后才可以再次建立刀具半径补偿。即 G41、G42 指令不要重复出现,否则出现报警。

⑥ 在运行具有刀具半径补偿的程序段中,机床往往会预读一段且仅预读一段程序,以此来判断刀具运行的终点,故在编写轮廓时,应确定刀具在下一段程序中能找到停止点,否则机床易报警。

2.3.4 应用举例

如图 2.14 所示,利用 100mm×100mm 的毛坯,加工 90mm×90mm 的方台,方台的圆角大小为 8,方台的深度为 5mm。采用刀具直径为 12mm 的圆柱立铣刀加工。为了得到较好的加工效果,采用圆弧进刀、圆弧退刀的方式加工,为简化点位计算,采用刀具半径补偿方式编写程序。其编程轨迹、刀路轨迹如图 2.15 所示。其加工主程序如表 2.8 所示,采用 G02/G03 编写的子程序如表 2.9 所示,采用直线插补圆角编程编写子程序如表 2.10 所示。

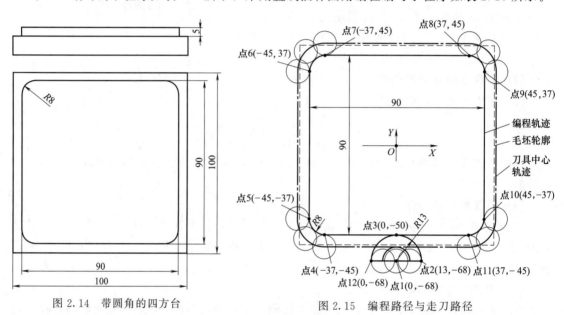

图 2.14 带圆角的四方台   图 2.15 编程路径与走刀路径

表 2.8 圆角方台加工主程序说明

代码	说明
%	程序起始符
O1230;	程序名
G90 G54 G21 G17;	程序准备,说明使用绝对坐标方式编程,选用 G54 坐标系,公制单位,选择 XOY 平面,当然一般来讲,这些也是机床默认设置
S1000 M03;	设定主轴转速,主轴正转
G00 X0 Y0;	验证 X、Y 方向对刀是否正确,对于手工编程,初学者必须验证对刀是否正确,如果对刀不正确,机床走不到设定的零点位置需要重新对刀
Z100;	由于 G00 是模态代码,这里可以省略,验证 Z 轴对刀是否正确
Z10;	进入安全平面
X0 Y−68;	去进刀点
G01 Z0 F1000;	接近工件,准备开始切削,进给速度设定为 1000mm/min
M98 P1231 L5;	调 O1231 子程序,调用 5 次,每次切深 1mm。如果采用直线插补圆角的方式,则调用 O1232 子程序
G01 Z10 F1000;	加工完成,抬刀,返回安全平面
G00 Z100;	远离工件
M05;	主轴停止
M30;	程序结束,并返回程序头
%	程序结束符号

表 2.9 采用 G02/G03 编写方台加工子程序

%	程序起始符
O1231；	子程序名
G90 G01 X0 Y－68 F1000；	去进刀点,点1
G91 G01 Z－1 F1000；	Z方向进刀1mm,由于每次调用该子程序,均需向Z方向进刀1mm,故需要切换为增量坐标编程
G90 G01 G41 X13 D01；	刀具在移动到点2的过程中,添加左刀补
G03 X0 Y－45 R13；	圆弧进刀,走刀至点3
G01 X－37；	走刀至点4
G02 X－45 Y－37 R8；	走刀至点5
G01 Y37；	走刀至点6
G02 X－37 Y45 R8；	走刀至点7
G01 X37；	走刀至点8
G02 X45 Y37 R8；	走刀至点9
G01 Y－37；	走刀至点10
G02 X37 Y－45 R8；	走刀至点11
G01 X0；	走刀至点3
G03 X－13 Y－68 R13；	圆弧退刀,走刀至点12
G01 G40 X0；	走刀至点1,并取消刀补
M99；	子程序结束符号
%	程序结束符号

表 2.10 采用直线插补圆角方式编写方台加工子程序

%	程序起始符
O1232；	子程序名
G90 G01 X0 Y－68 F1000；	去进刀点,点1
G91 G01 Z－1 F1000；	Z方向进刀1mm,由于每次调用该子程序,均需向Z方向进刀1mm,故需要切换为增量坐标编程
G90 G01 G41 X13 D01；	刀具在移动到点2的过程中,添加左刀补
G03 X0 Y－45 R13；	圆弧进刀,走刀至点3
X－45,R8；	走刀至方台左下角点,并添加圆角R8
Y45,R8；	走刀至方台左上角点,并添加圆角R8
X45,R8；	走刀至方台右上角点,并添加圆角R8
Y－45,R8；	走刀至方台右下角点,并添加圆角R8
X0；	走刀至点3
G03 X－13 Y－68 R13；	圆弧退刀,走刀至点12
G01 G40 X0；	走刀至点1,并取消刀补
M99；	子程序结束符号
%	程序结束符号

任务实施

课程任务单

实训任务2.3	圆弧编程、刀具半径补偿、圆弧进退刀练习	
学习小组：	班级：	日期：
小组成员(签名)：		

续表

任务描述(分小组完成)

从下列三个图形中选择一个图形,计算刀具点位,并编制轮廓程序,采用子程序层切的方法加工凸台,每次切削深度1mm,也可以选择其他合适零件轮廓加工。

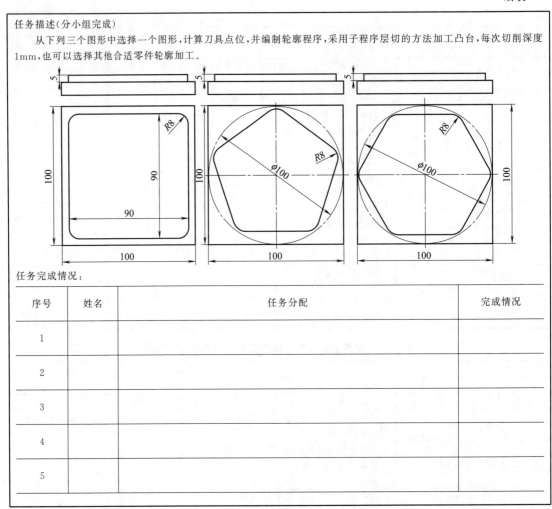

任务完成情况:

序号	姓名	任务分配	完成情况
1			
2			
3			
4			
5			

任务 4 坐标系平移和旋转编程方法

相关知识

编程人员开始编程时,通常并不知道被加工零件在机床上的位置,通常是以工件上的某个点作为零件程序的坐标系原点来编写加工程序,当被加工零件夹压在机床工作台上以后,再将 NC 所使用的坐标系的原点偏移到与编程使用的原点重合的位置进行加工。所以坐标系原点偏移功能对于数控机床来说是非常重要的。

用编程指令可以使用下列三种坐标系:机床坐标系、工件坐标系、局部坐标系。

2.4.1 选用机床坐标系(G53)

格式:(G90)G53 X_Y_Z_;

该指令使刀具以快速进给速度运动到机床坐标系中指定的坐标值(X_Y_Z_)的位置,

该指令在 G90 模态下执行。G53 指令是一条非模态的指令，也就是说它只在当前程序段中起作用。机床坐标系零点与机床参考点之间的距离由参数设定，无特殊说明，各轴参考点与机床坐标系零点重合。

2.4.2 使用预置的工件坐标系（G54～G59）

在机床中，我们可以预置六个工件坐标系，通过在数控系统面板上的操作，设置每一个工件坐标系原点相对于机床坐标系原点的偏移量，然后使用 G54～G59 指令来选用它们。在数控机床对刀时，往往将对刀点写入到 G54～G59 中。

2.4.3 局部坐标系指令

局部坐标系指令格式：G52 X_ Y_ Z_ ；

局部坐标系取消：G52 X0 Y0 Z0；

通过 G52 可以建立一个局部坐标系，局部坐标系是相当于 G54～G59 坐标系的子坐标系。在该指令中，(X_ Y_ Z_) 给出了一个相对于当前 G54～G59 坐标系的偏移量，也就是说，(X_ Y_ Z_) 给定了局部坐标系原点在当前 G54～G59 坐标系中的位置坐标。取消局部坐标系的方法也非常简单，使用 G52 X0 Y0 Z0 即可。

说明：① 一个局部坐标系一旦被设定，在之后指定的轴移动指令就成为局部坐标系中的坐标值。

② 一旦局部坐标系设定，在 G54～G59 中的坐标系都带局部坐标系的偏置。

③ 要取消局部坐标系，应使局部坐标系与工件坐标系原点重合。

④ 通过局部坐标系指令，可以实现坐标系的平移。

2.4.4 坐标轴旋转指令

指令格式：指定坐标轴旋转 G68 X_ Y_ R；

取消旋转 G69。

说明：① X，Y 表示旋转中心的坐标值。当 X，Y 省略时，G68 指令认为当前的位置即为旋转中心。

② R 表示旋转角度，逆时针旋转定义为正方向，顺时针旋转定义为负方向。

2.4.5 加工实例

如图所示，利用 100mm×100mm 的毛坯，加工出如图 2.16 所示的图形，其三维形状如图 2.17 所示。

① 工艺分析。通过图纸分析，选择直径为 12mm 的圆柱立铣刀加工，总共加工步骤分为 4 个步骤。

工步 1：加工 90mm×90mm×10mm 的带圆角方台；

工步 2：9 个区域加工；

工步 3：五个小方台加工；

工步 4：四个圆柱加工。

② 工步 1，90mm×90mm×10mm 带圆角方台加工，其主程序和子程序实例如表 2.11 所示，模拟加工后，其形状如图 2.18 所示。

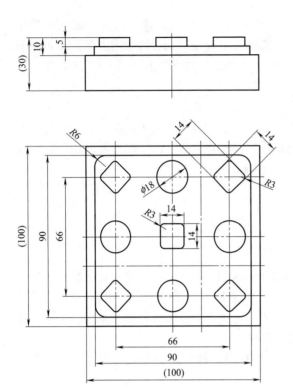

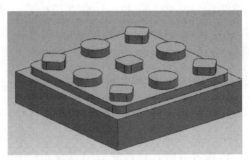

图 2.17 方凸台立体形状

图 2.16 方凸台图纸

图 2.18 工步 1 加工结果

表 2.11 工步 1 加工程序

主程序	子程序
%	%
O1240；	O1241；
G21 G54 G90；	G01 X0 Y-68 F1000；
M03 S800；	G91 Z-1；
G00 X0 Y0；	G90 G01 G41 X13 D01；
Z100；	G03 X0 Y-45 R13；
Z10；	G01 X-45，R6；
G00 X0 Y-68；	Y45，R6；
G01 Z0 F300；	X45，R6；
M98 P1241 L10；	Y-45，R6；
G90 G01 Z10 F500；	G01 X0；
G00 Z100；	G03 X-13 Y-58 R13；
M05；	G01 G40 X0；
M30；	M99；
%	%

③ 工步 2，区域分区加工，其主程序和子程序实例如表 2.12 所示，模拟加工后，其形状如图 2.19 所示。

表 2.12 工步 2 加工程序

%	%
O1243；	O1244
G90 G54 G21 G17 G40 G80；	（X 分区子程序）；
M03 S2000；	O1244；
G00 X0 Y0；	G91 G01 Z-0.5 F1000；
Z100；	X130；
Z10；	Z-0.5；
X-65 Y16.5；	X-130；
G90 G01 Z0 F1000；	M99；
M98 P1244 L5；	%
G90 G01 Z10 F2000；	

续表

G00 X-65 Y-16.5; G01 Z0 F1000; M98 P1244 L5; G90 G01 Z10 F2000; X16.5 Y-65; G01 Z0 F1000; M98 P1245 L5; G90 G01 Z10 F2000; G00 X-16.5 Y-65; G01 Z0 F1000; M98 P1245 L5; G90 G01 Z10 F2000; G00 Z100; M05; M30％	％ O1245; （Y 分区子程序）; O1245; G91 G01 Z-0.5 F1000; Y130; Z-0.5; Y-130; M99; ％

④ 工步3，小方台加工，其主程序和子程序实例如表2.13所示，模拟加工后，其形状如图2.20所示。

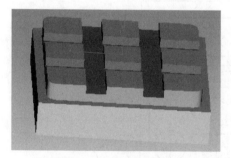

图2.19　工步2加工结果

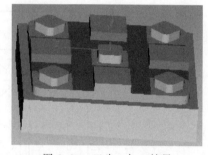

图2.20　工步3加工结果

表2.13　工步3加工程序

％ （小方台主程序） O1248; G54 G90 G21 G17; M03 S800; G00 X0 Y0; Z100; Z10; M98 P1247; G52 X33 Y-33; G68 X0 Y0 R45; M98 P1247; G69; G52 X33 Y33; G68 X0 Y0 R135; M98 P1247; G69; G52 X-33 Y33; G68 X0 Y0 R225; M98 P1247; G69; G52 X-33 Y-33; G68 X0 Y0 R315; M98 P1247; G69; G52 X0 Y0; G00 Z100; M05; M30;	％ （小方台子程序Ⅰ）; O1247; G00 X0 Y-16.5; Z10; G01 Z0 F500; M98 P1246 L5; G01 Z10 F500; M99; ％
	％ （小方台子程序Ⅱ）; O1246; G90 G01 X0 Y-16.5 F1000; G91 G01 Z-1; G90 G01 X9.5 Y-16.5 G41 D01; G03 X0 Y-7 R9.5; G01 X-7,R3; Y7,R3; X7,R3; Y-7,R3; X0; G03 X-9.5 Y-16.5 R9.5; G01 X0 Y-16.5 G40; M99;

⑤ 圆柱加工详见本项目任务 5。

任务实施

课程任务单

实训任务 2.4	坐标平移和坐标旋转编程练习		
学习小组:	班级:		日期:
小组成员(签名):			

任务描述(分小组完成)

按照课程所举例子,编制下图的加工程序,并完成工步 1～工步 3 的加工,也可加工其他形状零件。

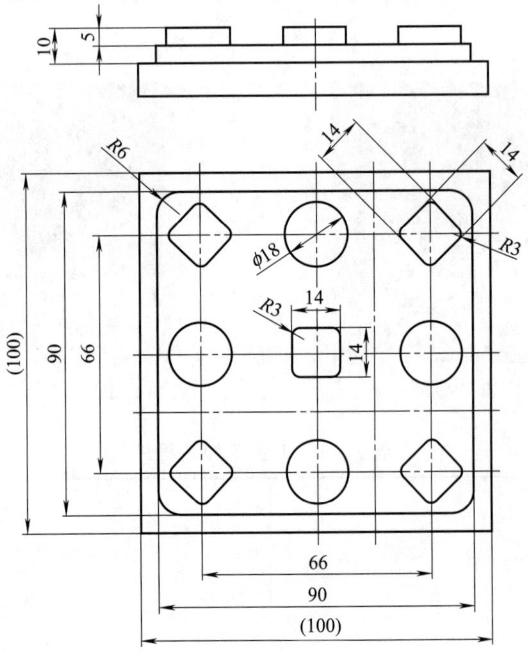

任务完成情况:

序号	姓名	任务分配	完成情况
1			
2			
3			
4			
5			

任务 5　整圆、螺旋插补和镜像编程方法

相关知识

2.5.1　整圆编程

① 圆弧插补的基本格式如下：

$$XOY \text{ 平面 } G17 \begin{Bmatrix} G02 \\ G03 \end{Bmatrix} X\_Y\_ \begin{Bmatrix} I\_J\_ \\ R\_ \end{Bmatrix} F\_;$$

$$ZOX \text{ 平面 } G18 \begin{Bmatrix} G02 \\ G03 \end{Bmatrix} Z\_X\_ \begin{Bmatrix} I\_K\_ \\ R\_ \end{Bmatrix} F\_;$$

$$YOZ \text{ 平面 } G19 \begin{Bmatrix} G02 \\ G03 \end{Bmatrix} Y\_Z\_ \begin{Bmatrix} J\_K\_ \\ R\_ \end{Bmatrix} F\_;$$

② 因整圆的圆弧起点和终点相同，故终点坐标可省略，由于没有终点坐标，整圆不能使用 R 来指定半径，只能使用 I_、J_ 或 K_ 指定圆心，整圆编程格式如下：

$$XOY \text{ 平面 } G17 \begin{Bmatrix} G02 \\ G03 \end{Bmatrix} I\_J\_F\_;$$

$$ZOX \text{ 平面 } G18 \begin{Bmatrix} G02 \\ G03 \end{Bmatrix} I\_K\_F\_;$$

$$YOZ \text{ 平面 } G19 \begin{Bmatrix} G02 \\ G03 \end{Bmatrix} I\_K\_F\_;$$

③ 用增量坐标加工圆柱。如表 2.14 所示，列举用增量坐标和整圆编程加工圆柱和圆孔的方法。

表 2.14　圆柱加工和圆孔加工方法

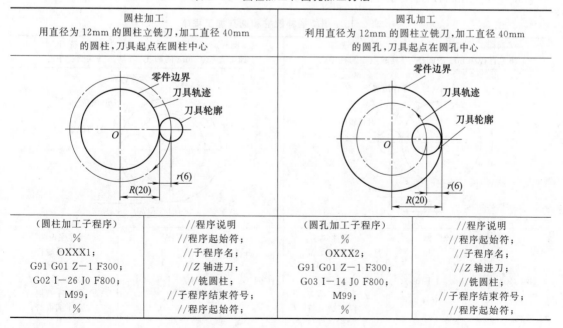

圆柱加工		圆孔加工	
用直径为 12mm 的圆柱立铣刀，加工直径 40mm 的圆柱，刀具起点在圆柱中心		利用直径为 12mm 的圆柱立铣刀，加工直径 40mm 的圆孔，刀具起点在圆孔中心	

（圆柱加工子程序）
%
OXXX1；
G91 G01 Z-1 F300；
G02 I-26 J0 F800；
M99；
%
	//程序说明
	//程序起始符；
	//子程序名；
	//Z 轴进刀；
	//铣圆柱
	//子程序结束符号；
	//程序起始符；
		（圆孔加工子程序）
		%
		OXXX2；
		G91 G01 Z-1 F300；
		G03 I-14 J0 F800；
		M99；
		%
			//程序说明
			//程序起始符；
			//子程序名；
			//Z 轴进刀；
			//铣圆柱
			//子程序结束符号；
			//程序起始符；

续表

圆柱加工 用直径为12mm的圆柱立铣刀,加工直径40mm 的圆柱,刀具起点在圆柱中心		圆孔加工 利用直径为12mm的圆柱立铣刀,加工直径40mm 的圆孔,刀具起点在圆孔中心	

(单个圆柱加工)
%
OXXXX;
G91 G00 X26;
G90 G01 Z0 F300;
M98 PXXX1 L5;
G91 G01 X0.1 F200;
G90 G00 Z10;
M99;
%
	//程序说明
	/程序起始符;
	//子程序名;
	//中心偏移;
	//进刀平面;
	//调用子程序;
	//脱离圆柱;
	//返回安全平面;
	//子程序结束符;
	//程序结束符;
		单个圆孔加工
		%
		OXXXX;
		G91 G00 X15;
		G90 G01 Z0 F300;
		M98 PXXX2 L5;
		G91 G01 X−0.1;
		G90 G00 Z10;
		M99;
		%
			//程序说明
			/程序起始符;
			//子程序名;
			//中心偏移;
			//进刀平面;
			//调用子程序;
			//脱离孔壁;
			//返回安全平面;
			//子程序结束符;
			//程序结束符;

2.5.2 螺旋插补

若在指定圆弧插补的同时,再通过螺旋插补指令指定平面外的一个移动轴,就可以使刀具螺旋移动,如图2.21所示。

螺旋插补的指令代码格式如下:

XOY 平面 G17 $\begin{Bmatrix} G02 \\ G03 \end{Bmatrix}$ X_Y_ $\begin{Bmatrix} I\_J\_ \\ R\_ \end{Bmatrix}$ Z_F_;

ZOX 平面 G18 $\begin{Bmatrix} G02 \\ G03 \end{Bmatrix}$ Z_X_ $\begin{Bmatrix} I\_K\_ \\ R\_ \end{Bmatrix}$ Y_F_;

YOZ 平面 G19 $\begin{Bmatrix} G02 \\ G03 \end{Bmatrix}$ Y_Z_ $\begin{Bmatrix} J\_K\_ \\ R\_ \end{Bmatrix}$ X_F_;

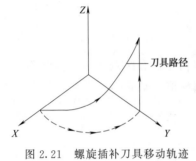

图 2.21 螺旋插补刀具移动轨迹

通过螺旋插补和增量坐标我们可以很容易编写圆柱和圆孔的加工程序,注意通过螺旋插补加工圆柱或圆孔后,此时底面不平,还应该再利用圆弧插补加工一下底面。利用螺旋插补加工圆柱和圆孔的程序示例如表 2.15 所示。

表 2.15 螺旋插补圆柱和圆孔加工程序

圆柱加工:用直径为12mm的圆柱立铣刀, 加工直径40mm的圆柱,刀具起点在圆柱中心		圆孔加工:用直径为12mm的圆柱立铣刀, 加工直径40mm的圆孔,刀具起点在圆孔中心	

(圆柱加工子程序)
%
OXXX3;
G91 G02 I−26 J0 Z−1 F1000;
M99;
%
	//程序说明
	//程序起始符;
	//子程序名;
	//螺旋插补;
	//子程序结束;
	//程序结束符;
		(圆孔加工子程序)
		%
		OXXX4;
		G91 G03 I−15 J0 Z−1 F1000;
		M99;
		%
			//程序说明
			//程序起始符;
			//子程序名;
			//螺旋插补;
			//子程序结束;
			//程序结束符;

续表

圆柱加工：用直径为12mm的圆柱立铣刀，加工直径40mm的圆柱，刀具起点在圆柱中心		圆孔加工：用直径为12mm的圆柱立铣刀，加工直径40mm的圆孔，刀具起点在圆孔中心	

（单个圆柱加工）
%
OXXXX；
G91 G00 X15；
G90 G01 Z0 F300；
M98 PXXX1 L5；
G02 I−26 J0；
G91 G01 X0.1 F200；
G90 G00 Z10；
M99；
%
	//程序说明
	/程序起始符；
	//子程序名；
	//重中心偏移；
	//进刀平面；
	//调用子程序
	//底部圆弧加工；
	//脱离圆柱
	//返回安全平面；
	//子程序结束符；
	//程序结束符；
		单个圆孔加工
		%
		OXXXX；
		G91 G00 X15；
		G90 G01 Z0 F300；
		M98 PXXX1 L5；
		G03 I−15 J0；
		G91 G01 X−0.1 F200；
		G90 G01 Z10 F1000；
		M99；
		%
			//程序说明
			//程序起始符；
			//子程序名；
			//重中心偏移；
			//进刀平面；
			//调用子程序
			//底部圆弧加工；
			//脱离孔壁
			//返回安全平面
			//子程序结束符；
			//程序结束符；

2.5.3 镜像功能

如图2.22所示，对于在程序中指定的对称轴，可以在程序指定的位置产生一个的镜像。

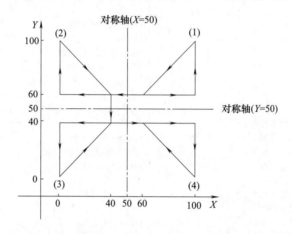

图2.22 镜像功能

(1)——原来的程序指令；(2)——在X50位置应用可编程镜像的程序指令；
(3)——在X50、Y50位置应用可编程镜像的程序指令；(4)——在Y50位置应用可编程镜像的程序指令

镜像建立编程格式：

$$G17\ G51.1 \begin{Bmatrix} X\_ \\ Y\_ \end{Bmatrix};$$

镜像取消：

$$G50.1 \begin{Bmatrix} X\_ \\ Y\_ \end{Bmatrix};$$

镜像建立后，系统发生如下变化：
① 圆弧指令，G02与G03互换；
② 刀具半径补偿指令，G41与G42互换；
③ 坐标旋转指令，旋转角度顺时针CW与逆时针CCW互换。

2.5.4 圆柱加工程序示例

如图2.23所示,本章节案例中,四个圆柱加工可以看作是关于 X 轴、Y 轴的镜像,采用增量坐标、螺旋插补的方式编写程序,其详细程序如表2.16所示。

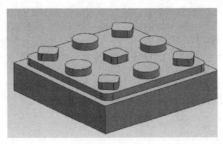

图 2.23 凸台模型图

程序代码如下:

表 2.16 凸台圆柱加工程序

%		%	
(主程序)		(螺旋插补子程序)	
O1258;		O1254	
G54 G90 G21 G17;		G91 G02 I-15 J0 Z-1 F1000	//螺旋插补;
M03 S800;		M99;	
G00 X0 Y0;		%	
Z100;		%	
Z10;		(单个圆柱加工子程序)	
M98 P1257	//调用子程序;	O1257	
G51.1 X0	//建立镜像;	G90 G00 X33 Y0	//圆柱中心;
M98 P1257	//调用子程序;	G91 G00 X15	//刀心偏移;
G50.1 X0	//取消镜像;	G90 G01 Z0 F300	//接近工件;
G68 X0 Y0 R90	//坐标旋转;	M98 P1254 L5	//调用子程序;
M98 P1257	//调用子程序;	G02 I-15 J0	//底层切削;
G51.1 X0	//建立镜像;	G91 G01 X0.1 F200	//离开圆柱面;
M98 P1257	//调用子程序;	G90 G00 Z10	//返回安全平面;
G50.1 X0	//取消镜像;	M99	
G69	//取消旋转;	%	
G90 G00 Z100;			
M05;			
M30;			
%			

任务实施

课程任务单

实训任务2.5		整圆、螺旋插补和镜像编程方法	
学习小组:	班级:		日期:
小组成员(签名)			

任务描述（分小组完成）

按照课程所举例子，编制下图的加工程序，并完成工步 4 的加工，也可加工其他形状零件。

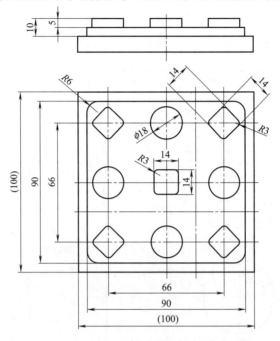

任务完成情况：

序号	姓名	任务分配	完成情况
1			
2			
3			
4			
5			

思 考 题

1. G90/G91 的区别。
2. 程序初始化的目的是什么？一般都需要初始化哪些参数？
3. 简述手工编程数控加工程序的一般结构。
4. 如何区分主程序与子程序？
5. 如何调用子程序？
6. G02/G03 编程格式及用途。
7. 如何区分是左刀补 G41 还是右刀补 G42？
8. 想一想，添加刀具半径补偿可以用在哪些地方，添加刀补时应注意哪些问题？

实操训练与知识拓展

练习 1

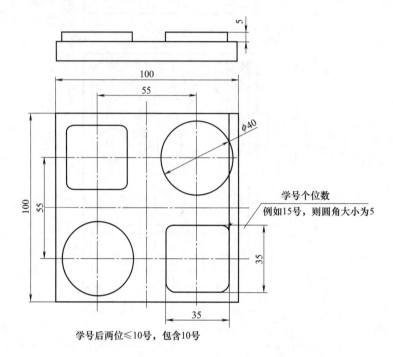

学号后两位≤10号，包含10号

练习 2

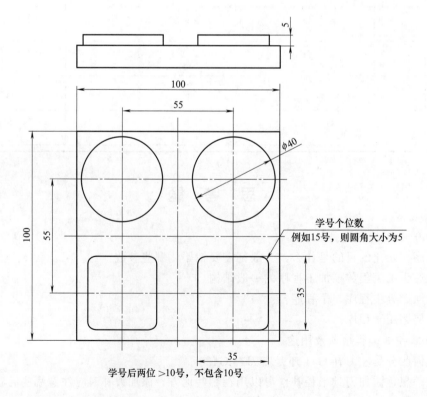

学号后两位 >10号，不包含10号

练习 3

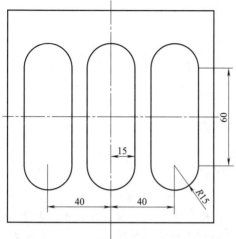

练习 4

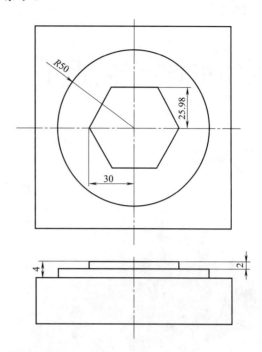

练习 5

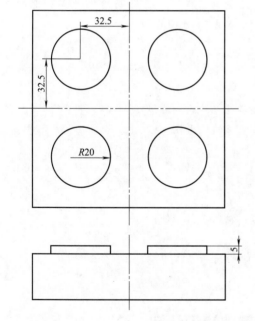

练习 6

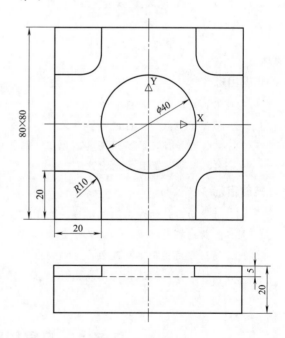

项目 3

平面类零件加工

项目导入

合理的切削用量

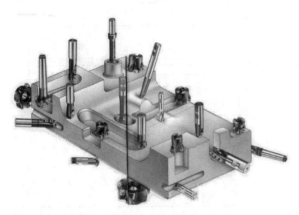

图 3.1 数控刀具

"工欲善其事,必先利其器",数控机床是一种自动化程度高、结构较复杂的先进加工设备,只有在充分了解加工材料、加工刀具、机床的情况下,才能指定出合理的切削用量,而后才能充分发挥机床的优越性,提高生产效率。如图 3.1 所示为数控铣削加工中常用到的各种类型的刀具。

所谓合理的切削用量就是指充分利用刀具的切削性能和机床性能,在保证加工质量的前提下,获得高的生产率和低的加工成本的切削用量。

知识目标

1. 掌握熟悉金属切削知识;
2. 初步了解数控铣床的刀具系统,掌握平面加工铣刀结构和选用方法;
3. 掌握数控铣床的通用夹具,虎钳、压板、工艺板的使用方法;
4. 熟练掌握六面规方的方法。

技能目标

1. 对平面零件的加工工艺路线、切削用量确定;
2. 能熟练查阅机械加工工艺手册,编程说明书,编制工艺文件;
3. 使用常用指令编程能力;
4. 工件坐标系的选择,基点坐标计算,用常用指令进行手工编程。

任务 1 刀具材料基础知识认知

相关知识

在金属切削加工过程中,刀具切削部分直接承担切削工作,所以刀具材料通常是指刀具切削部分的材料。刀具材料的合理选择是切削加工工艺一项重要内容，它在很大程度上决定了切削加工生产率的高低、刀具消耗和加工成本的大小、加工精度和表面质量的优劣等。刀具材料的发展同时也受到工件材料发展的促进和影响。

3.1.1 刀具材料一般性能要求

刀具在工作过程中，要受到很大的切削压力、摩擦力和冲击力，产生很高的切削温度。刀具在这种高温、高压和剧烈的摩擦环境下工作，采用不适当的材料会使刀具迅速磨损或崩裂。因此，刀具材料应能满足如下的一些基本要求。

① 高的硬度和良好的耐磨性。硬度是刀具材料应具备的基本特性。刀具要从工件上切下切屑，其硬度必然要大于工件材料的硬度。用于切削金属材料所用的刀具的切削刃的硬度，一般都在60HRC以上。

② 足够的强度和韧性。要使刀具在受到很大压力，以及在切削过程中通常要在冲击和振动的条件下工作，不产生崩刃和折断，刀具材料必须具有足够的强度和韧性。一般来说，韧性越高，可以承受的切削力越大。

③ 高的耐热性。耐热性是衡量刀具材料切削性能的主要标志，通常用高温下保持高硬度、耐磨性、强度和韧性的性能来衡量，也称为热硬性。刀具材料高温硬度越高，则耐热性越好，高温抗塑性变形能力、抗磨损能力越强，允许的切削速度越高。

④ 良好的热物理性能和耐热冲击性能。刀具材料的导热性能越好，切削热越容易从切削区域传导出去，从而降低刀具材料切削部分温度，减少刀具磨损。刀具在断续切削或使用切削液时，常受到很大的热冲击，因此刀具内部会产生裂纹导致断裂。热导率越大，热量越容易被传导出去，从而降低刀具表面的温度梯度；热胀系数小，可以减少热变形；弹性模量小，可以降低因热膨胀而产生的交变应力的幅度。耐热冲击性能好的刀具材料，在切削加工的过程中可以使用切削液。

⑤ 良好的工艺性。刀具不但要有良好的切削性能，本身还应该易于制造。这要求刀具材料有较好的工艺性能，如锻造性能、热处理性能、焊接性能、磨削加工性能、高温塑性变形等。

⑥ 经济性。经济性是刀具材料的重要指标之一。刀具材料的发展应结合本国的资源实际情况，这具有重大的经济和战略意义。

3.1.2 高速钢

高速钢（High Speed Steel，HSS）是一种含有较多钨（W）、钼（Mo）、铬（Cr）、钒（V）等合金元素的高合金工具钢。它是美国机械工程师泰勒和冶金工程师怀特于1898年发明的，当时的成分为C 0.67%、W 18.91%、Cr 5.47%、V 0.29%、Mn 0.11%，其余为铁。它能承受550～600℃的切削温度，切削一般钢材可用25～30m/min的切削速度，从而使其加工效率比合金工具钢提高215倍以上，如表3.1所示常用的高速钢牌号及物理力学性能。

高速钢是综合性能较好、应用范围最广的一种刀具材料，具有良好的热稳定性。在500～600℃的高温下仍能切削，和碳素工具钢、合金工具钢相比较，切削速度提高1～3倍，刀具耐用度提高10～40倍，甚至更多。因此，它可以加工从有色金属到高温合金范围内的许多材料；高速钢具有较高的强度和韧性，且具有一定的硬度和耐磨性。抗弯强度（63～

70HRC）为一般硬质合金的2～3倍，陶瓷的5～6倍。因此，它适用于各类切削刀具，也可以用于在刚度较差的机床上进行加工；另外，高速钢刀具的制造工艺相对简单，容易刃磨出锋利的切削刃，能进行锻造加工。这对制造形状复杂的刀具非常重要，故在复杂刀具（如钻头、丝锥、成形刀具、拉刀、齿轮刀具等）的制造中，高速钢占有重要地位；高速钢材料性能较硬质合金和陶瓷稳定，在自动机床上使用较为可靠。

表3.1 常用高速钢牌号物理力学性能

类型		牌号		硬度（HRC）			抗弯强度 σ_{bk}/GPa	冲击韧性 a_k/(MJ·m^{-2})
		国内牌号	美国代号	室温	500℃	600℃		
通用型高速钢		W18Cr4V	T1	63～66	56	48.5	2.94～3.33	0.176～0.314
		W6Mo5Cr4V2	M2	63～66	55～56	47～48	3.43～3.92	0.294～0.392
		W9Mo3Cr4V	—	65～66.5	—	—	4～4.45	0.343～0.392
高性能高速钢	高钒	W12Cr4V4Mo	EV4	65～67		51.7	≈3.316	≈0.245
		W6Mo5Cr4V3	M3	65～67		51.7	≈3.316	≈0.245
	含钴	W6Mo6Cr4V2Co5	M36	66～68	—	54	≈2.92	≈0.294
		W2Mo9Cr4VCo8	M42	67～70	60	55	2.65～3.72	0.225～0.294
	含铝	W6Mo5Cr4V2Al	M2Al	67～69	60	55	2.84～3.82	0.225～0.294
		W10Mo4Cr4V3Al	5F6	67～69	60	54	3.04～3.43	0.196～0.274
		W6Mo5Cr4V5SiNbAl	B201	66～68	57.7	50.9	3.53～3.82	0.255～0.265

3.1.3 硬质合金钢

随着工业生产发展的需要，高速钢刀具已不能满足人们对高效率加工、高质量加工和各种难加工材料的加工要求。因而，在20世纪20年代到20世纪30年代，人们发明了钨钴钛类硬质合金。其常温硬质高达89～93HRA，能承受800～900℃以上的切削温度，切削速度可达100m/min，切削效率为高速钢的5～10倍，故在全世界硬质合金的产量增长极快，现在已成为主要的刀具材料之一。硬质合金刀具更是数控加工刀具的主导产品，有的国家90%以上的车刀、55%以上的铣刀都采用了硬质合金制造，而且这种趋势还在增加。

硬质合金是由难熔金属碳化物（如TiC、WC、TaC、NbC等）和金属黏结剂（如Co、Ni等）经粉末冶金方法制成。硬质合金刀具的性能特点如下。

(1) 硬质合金刀具的特点

① 高硬度。硬质合金中高熔点、高硬度碳化物含量高，因此硬质合金常温硬度很高。常用硬质合金的硬度为89～93HRA，远高于高速钢，在540℃时硬度仍可达到82～87HRA，相当于高速钢常温时的硬度（83～86HRA）。硬质合金的硬度值随碳化物的种类、数量、粉末颗粒的粗细和黏结剂的含量决定。碳化物的硬度和熔点越高，硬质合金的热硬性也越好；黏结剂含量较高时，则硬度较低；碳化物粉末越细，而黏结剂含量一定，则硬度高。

② 抗弯强度和韧性。常用硬质合金的抗弯强度为0.9～1.5GPa，比高速钢的强度低得多，只有高速钢的1/3～1/2，冲击韧度也较差，只有高速钢的1/30～1/8。因此，硬质合金刀具不像高速钢那样能够承受大的切削振动和冲击负荷。黏结剂含量较高时，则抗弯强度较高，但硬度却较低。

③ 热导率。由于TiC的热导率低于WC，所以WC-TiC-Co合金热导率比WC-Co合金低，并随着TiC含量的增加而下降。

④ 热胀系数。硬质合金的热胀系数比高速钢小得多。WC-TiC-Co合金的线胀系数大于

WC-Co合金，并随着TiC含量的增加而增大。

⑤ 抗冷焊性。硬质合金与钢发生冷焊的温度高于高速钢，WC-TiC-Co合金与钢发生冷焊的温度高于WC-Co合金。

(2) 常见的硬质合金材料类型

① 钨钴类（WC+Co）。合金代号为YG，对应于国标K类。这类合金由WC和Co组成，我国生产的常用牌号有YG3X、YG6X、YG6、YG8等，数字表示Co的百分含量，X表示细晶粒。YG类硬质合金有粗晶粒、中晶粒、细晶粒之分。一般硬质合金（如YG6、YG8）均为中晶粒。细晶粒硬质合金（如YG3X、YG6X）在含钴量相同时比中晶粒的硬度和耐磨性要高一些，但抗弯强度和韧性则要低一些。细晶粒硬质合金适用于加工一些特殊的硬铸铁、奥氏体不锈钢、耐热合金、钛合金、硬青铜、硬的耐磨的绝缘材料等。超细晶粒硬质合金的WC晶粒在$0.2 \sim 1\mu m$，大部分在$0.5\mu m$以下，由于硬质相和黏结相高度分散，增加了黏结面积，在适当增加钴含量的情况下，能在较高硬度时获得很高的抗弯强度。

此合金钴含量越高，韧性越好，适用于粗加工，钴含量低，适用于精加工。此类合金韧性、磨削性、导热性较好，较适用于加工产生崩碎切屑、有冲击性切削力作用在刃口附近的脆性材料，主要用于加工铸铁、青铜等脆性材料，不适合加工钢料，因为在640℃时发生严重黏结，使刀具磨损，耐用度下降。

② 钨钛钴类（WC+TiC+Co）。合金代号为YT，对应于国标P类。这类合金中的硬质相除WC外，还含有5%～30%的TiC。常用牌号有YT5、YT14、YT15及YT30，TiC的含量分别为5%、14%、15%、30%，相应的钴含量为10%、8%、6%、4%。

此类合金有较高的硬度和耐热性，它的硬度为89.5～92.5HRA，抗弯强度为0.9～1.4GPa。主要用于加工切屑呈带状的钢件等塑性材料。合金中TiC含量高，则耐磨性和耐热性提高，但强度降低。因此，粗加工一般选择TiC含量少的牌号，精加工选择TiC含量多的牌号。主要用于加工钢材及有色金属，一般不用于加工含Ti的材料，因为合金中的钛成分与加工材料中的钛元素之间的亲和力会产生严重的黏刀现象，使刀具磨损较快。

③ 钨钛钽（铌）钴类[WC+TiC+TaC（Nb）+Co]。合金代号为YW，对应于国标M类。这是在上述硬质合金成分中加入一定数量的TaC（Nb），常用的牌号有YW1和YW2。在YT类硬质合金成分中加入一定数量的TaC（Nb）可提高其抗弯强度、疲劳强度和冲击韧度，提高合金的高温硬度和高温强度，提高抗氧化能力和耐磨性。

此类硬质合金不但适用于加工冷硬铸铁、有色金属及合金半精加工，也能用于高锰钢、淬火钢、合金钢及耐热合金钢的半精加工和精加工，被称为通用硬质合金。这类合金如适当增加含钴量，强度可很高，能承受机械振动和由于温度周期性变化而引起的热冲击，可用于断续切削。

以上三类硬质合金的主要成分都是WC，故可统称为WC基硬质合金。

④ TiC（N）基类（WC+TiC+Ni+Mo）。合金代号YN，TiC（N）基硬质合金是以TiC为主要成分（有些加入了其他碳化物和氮化物）的TiC-Ni-Mo合金。此类合金硬度很高，为90～94HRA，达到了陶瓷的水平，有很高的耐磨性和抗月牙洼磨损能力，有较高的耐热性和抗氧化能力，化学稳定性好，与加工材料的亲和力小，摩擦系数较小，抗黏结能力强，因此刀具耐用度比WC基硬质合金提高几倍。

TiC（N）基类硬质合金一般用于精加工和半精加工，对于又大又长或加工精度较高的零件尤其适合，但不适于有冲击载荷的粗加工和低速切削。

(3) 其他新型硬质合金

① 细晶粒、超细晶粒硬质合金。普通硬质合金中 WC 粒度为几微米，细晶粒合金平均粒度在 1.5μm 左右。超细晶粒合金粒度在 0.2~1μm，其中绝大多数在 0.5μm 以下。细晶粒合金中由于硬质相和黏结相高度分散，增加了黏结面积，提高了黏结强度。因此，其硬度与强度都比同样成分的合金高，硬度提高 1.5~2HRA，抗弯强度提高 0.6~0.8GPa，而且高温硬度也能提高一些，可减少中低速切削时产生的崩刃现象。

在超细晶粒合金生产过程中，除必须使用细的 WC 粉末外，还应添加微量抑制剂，以控制晶粒长大，并采用先进烧结工艺，成本较高。超细晶粒硬质合金多用于 YG 类合金，它的硬度和耐磨性得到较大提高，抗弯强度和冲击韧度也得到提高，已接近高速钢。适合做小尺寸铣刀、钻头等，并可用于加工高硬度难加工材料。

② 涂层硬质合金。涂层硬质合金刀具是硬质合金刀具材料应用的又一大发展。它将韧性材料和耐磨材料通过涂层有机结合在一起，从而改变了硬质合金刀片的综合力学性能，使其使用寿命提高了 2~5 倍。它的发展相当迅速，在一些发达国家，其使用量已占硬质合金刀具材料使用总量 1/2 以上。我国目前正在积极发展此类刀具，已有 CN15、CN25、CN35、CN16、CN26 等涂层硬质合金刀片在生产中应用。

③ 高速钢基硬质合金。以 TiC 或 WC 为硬质相（占 30%~40%），以高速钢为黏结相（占 60%~70%），用粉末冶金方法制成，其性能介于高速钢和硬质合金之间，能够锻造、切削加工、热处理和焊接，常温硬度为 70~75HRC，耐磨性比高速钢提高 6~7 倍。可用来制造钻头、铣刀、拉刀、滚刀等复杂刀具，加工不锈钢、耐热钢和有色金属。高速钢基硬质合金导热性差，容易过热，高温性能比硬质合金差，切削时要求充分冷却，不适于高速切削。

3.1.4 金属材料按切削性能分类

金属切削加工中，会有不同的工件材料，不同的材料其切削形成与去除特性各不相同，我们怎么来掌握不同材料的特性呢？ISO 标准将金属材料分为 6 种不同的类型组，每种类型在可加工性方面都具有独特的特性。金属材料分为 6 大类：①P——钢；②M——不锈钢；③K——铸铁；④N——有色金属；⑤S——耐热合金；⑥H——淬硬钢。

(1) P 钢

什么是钢？

① 钢是金属切削领域中最大的材料组。

② 钢可以是非淬硬钢或调质钢（硬度达 400HB）。

③ 钢是一种以铁（Fe）元素为主要成分的合金，它通过熔炼过程制造而成。

④ 非合金钢的碳含量低于 0.8%，只有 Fe 而没有其他合金元素。

⑤ 合金钢的碳含量低于 1.7%，加入了合金元素，如 Ni、Cr、Mo、V、W 等。

在金属切削范围内，P 组是最大的材料组，因为它涵盖了几个不同的工业领域，如表 3.2 所示材料通常为长切屑材料，能够形成连续、相对均匀的切屑。具体的切屑形式通常取决于碳含量。一般来讲，含碳量低的是坚韧的黏性材料，含碳量高的是脆性材料。

表 3.2 P 类钢材分类

ISO	MC	材料	ISO	MC	材料
P	P1	非合金钢	P	P3	高合金钢（合金元素>5%）
	P2	低合金钢（合金元素≤5%）		P4	铸钢

P类钢材的加工特性：①长切屑材料；②切屑控制相对容易、平稳；③低碳钢有黏性，需要锋利的切削刃；④单位切削力k_c：$1500\sim3100\text{N/mm}^2$；⑤加工 ISO P 材料需要的切削力及功率，都在有限值范围内。其切削形态和受力如图 3.2 所示。

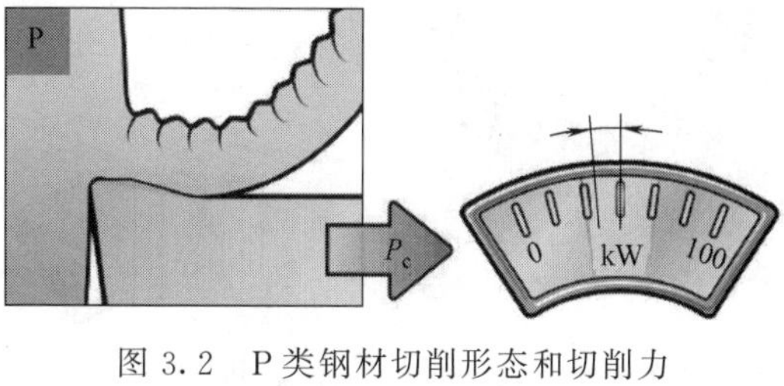

图 3.2　P 类钢材切削形态和切削力

(2) M 不锈钢

什么是不锈钢？

① 不锈钢是带有最少 11%～12% 铬的合金材料。

② 碳含量通常很低（最低约为 0.01%）。

③ 合金主要是 Ni（镍）、Mo（钼）和 Ti（钛）。

④ 在钢表面形成一层致密的 Cr_2O_3，使其耐腐蚀。

在 M 组中，大部分应用都属于石油和天然气、管件、法兰、加工行业以及制药行业，如表 3.3 所示。材料形成不规则的薄片状切屑，与普通钢材相比，其切削力更高。不锈钢有许多种不同的类型。断屑性能（从容易到几乎无法断屑）因合金特性和热处理的不同而不同。

表 3.3　M 类材料分类

ISO	MC	材料	ISO	MC	材料
M	P5	铁素体/马氏体不锈钢	M	M2	超级奥氏体不锈钢，Ni≥20%
	M1	奥氏体不锈钢		M3	双相不锈钢（奥氏体/铁素体）

图 3.3　M 类材料切削形态和切削力

M 类材料加工特性：①长切屑材料；②切屑控制在铁素体中相对平顺，在奥氏体和双相中较困难。③单位切削力：$1800\sim2850\text{N/mm}^2$；④加工时产生高切削力、积屑瘤、热量和加工硬化。其切削形态和受力如图 3.3 所示。

(3) K 铸铁

什么是铸铁？

① 铸铁有 3 种主要类型：灰口铸铁（GCI）、球墨铸铁（NCI）和蠕墨铸铁（CGI）。

② 铸铁以 Fe-C 为主成分，带相对高的硅含量（1%～3%）。

③ 碳含量超过 2%，这是 C 在奥氏体相中最大的溶解度。

④ Cr（铬）、Mo（钼）和 V（钒）加入形成碳化物，增加了强度和硬度，但降低了机械加工性。

K 组主要应用在汽车部件、机器制造业和炼铁业如表 3.4 所示。材料的切屑成形有所不同，从近似粉末状的切屑到长切屑。加工该材料组所需的功率通常较小。

注意，灰口铸铁（通常切屑近似粉末状）与球墨铸铁之间差别很大，后者的断屑许多时候比较类似于钢。

表 3.4　K 类材料分类

ISO	MC	材料	ISO	MC	材料
K	K1	可锻铸铁	K	K4	蠕墨铸铁
	K2	灰口铸铁		K5	等温淬火球墨铸铁
	K3	球墨铸铁			

K类钢材加工特性：①短切屑材料；②在所有工况下都具有良好的切屑控制；③单位切削力：790～1350N/mm²；④以较高速度加工会产生磨料磨损；⑤中等切削力。其切削形态和受力如图3.4所示。

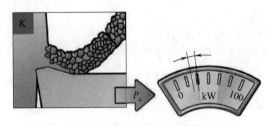

图 3.4　K 类材料切削形态和切削力

(4) N 有色金属

什么是有色金属材料？

① 这一类包含有色金属、硬度低于 130HB 的软金属。

② 含近 22％硅（Si）的有色金属（Al）合金组成其中最大的部分。

③ 铜、青铜、黄铜。

飞机制造业和铝合金汽车车轮制造商在 N 组占主要地位，如表 3.5 所示。虽然每 mm³ 需要的功率低，但为获得高金属去除率，仍需要计算所需的最大功率。

表 3.5　N 类材料分类

ISO	MC	材料	ISO	MC	材料
N	N1	基于有色金属的合金	N	N3	铜基合金
	N2	镁基合金		N4	锌基合金

N 类材料加工特性：①长切屑材料；②如果是合金，则切屑控制相对容易；③有色金属（Al）具有黏性，需要使用锋利的切削刃；④单位切削力：350～700N/mm²；⑤加工 ISO N 材料需要的切削力及功率，都在有限值范围内。其切削形态和受力如图 3.5 所示。

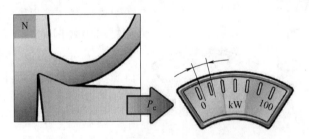

图 3.5　N 类材料切削形态和切削力

(5) S 耐热合金

什么是耐热合金？

① 耐热合金（HRSA）包括许多高合金铁、镍、钴或钛基材料。

② 铁基、镍基、钴基。

③ 工况：退火—固溶热处理—时效处理—辊轧—锻造—铸造。

④ 更高的合金含量（钴高于镍）可确保更好的耐热性、更高的抗拉强度和更高的耐腐蚀性。

加工困难的 S 组材料主要应用在航空航天、燃气轮机和发电机行业，如表 3.6 所示。范围较宽，但通常会存在高切削力。

S 类材料加工特性：①长切屑材料；②切屑控制困难（锯齿状切屑）；③对于陶瓷需要使用负前角，对于硬质合金需要使用正前角；④单位切削力：对于耐热合金，2400～3100N/mm²；对于钛合金，1300～1400N/mm²；⑤需要的切削力和功率很高。其切削形态和受力如图 3.16 所示。

表 3.6　S 类材料分类

ISO	MC	材料	ISO	MC	材料
S	S1	铁基合金	S	S4	钛基合金
	S2	镍基合金		S5	钨基合金
	S3	钴基合金		S6	钼基合金

图 3.6　S 类材料切削形态和切削力

(6) H 淬硬钢

什么是淬硬钢？

① 从加工的角度看，淬硬钢是最小的一个分组。

② 该分组包含硬度＞45～65HRC 的调质钢。

③ 通常，被车削的硬零件的硬度范围一般在 55～68HRC 之间。

H 组中的淬硬钢应用在各种行业，如表 3.7 所示，例如汽车行业及其分包商，以及机器制造业和模具业务。通常是连续的、红光炽热的切屑。这种高温有助于降低 k_{c1} 值，对于帮助解决应用难题很重要。

表 3.7　H 类材料分类

ISO	MC	材料	ISO	MC	材料
H	H1	钢(45～65HRC)	H	H3	钨铬钴合金
	H2	冷硬铸铁		H4	Ferro-Tic

H 类材料加工特性：①长切屑材料；②相对好的切屑控制；③要求负前角；④单位切削力：2550～4870N/mm²；⑤需要的切削力和功率很高。其切削形态和受力如图 3.7 所示。

3.1.5　刀具材料选择原则

① 普通材料工件加工时，一般选用普通高速钢和硬质合金；加工难加工材料时可选用高性能和新型刀具材料牌号。只有在加工高硬材料或精密加工中常规刀具材料不能满足加工精度要求时，才考虑用 CBN 和 PCD 刀片。

图 3.7　H 类材料切削形态和切削力

② 任何刀具材料在强度、成分和硬度、耐磨性之间是难以完全兼顾的，在选择刀具材料牌号时，可根据工件材料切削加工性和加工条件，通常先考虑耐磨性，崩刃问题尽可能用刀具合理几何参数解决。只有因刀具材料脆性太大造成崩刃，才考虑降低耐磨性要求，选用强度和韧性较好的牌号。一般情况下，低速切削时，切削过程不平稳，容易产生崩刃现象，宜选用强度和韧性好的刀具材料牌号；高速切削时，切削温度对刀具材料的磨损影响最大，

应选择耐热性和耐磨性好的刀具材料牌号。

任务实施

课程任务单

实训任务 3.1		数控刀具材料认识	
学习小组：	班级：		日期：
小组成员(签名)：			

任务描述（小组成员均需完成）
　　根据老师提供的刀具样品和毛坯样品将刀具和材料分类。
任务完成情况：

1. 刀具分类

名称	高速钢	无涂层硬质合金	涂层硬质合金
样品编号			

2. 切削材料分类

名称	P类	M类	K类	N类	S类	H类
样品编号						

任务 2　数控刀具系统及切削参数选择

相关知识

3.2.1　数控刀具系统

(1) 数控刀具的分类

数控加工刀具从结构上可分为：①整体式。②镶嵌式，镶嵌式又可分为焊接式和机夹式。机夹式根据刀体结构不同，又分为可转位和不转位两种。③减振式，当刀具的工作臂长与直径之比较大时，为了减少刀具的振动，提高加工精度，多采用此类刀具。④内冷式，切削液通过刀体内部由喷孔喷射到刀具的切削刃部。⑤特殊式，如复合刀具、可逆攻螺纹刀具等。

数控加工刀具从制造所采用的材料上可分为：①高速钢刀具；②硬质合金刀具；③陶瓷刀具；④立方氮化硼刀具；⑤金刚石刀具；⑥涂层刀具。

数控铣床和加工中心上用到的刀具有：①钻削刀具，分小孔、短孔、深孔、攻螺纹、铰孔等；②镗削刀具，分粗镗、精镗等刀具；③铣削刀具，分面铣、立铣、三面刃铣等刀具。

(2) 铣削加工的刀具

铣削加工刀具种类很多，在数控铣床和加工中心上常用的铣刀有面铣刀和立铣刀。

① 面铣刀。面铣刀主要用于立式铣床上加工平面、台阶面等。如图 3.8 所示，面铣刀的圆周表面和端面上都有切削刃，多制成套式镶齿结构，刀齿为高速钢或硬质合金，刀体为 40Cr。

硬质合金面铣刀与高速钢铣刀相比，铣削速度较高，加工效率高，加工表面质量也较好，并可加工带有硬皮和淬硬层的工件，故得到广泛应用。目前广泛应用的可转位式硬质合金面铣刀结构如图 3.8 所示。它将可转位刀片通过夹紧元件夹固在刀体上，当刀片的一个切削刃用钝后，可直接在机床上将刀片转位或更换新刀片。可转位式铣刀要求刀片定位精度高、夹紧可靠、排屑容易、更换刀片迅速等，同时各定位、夹紧元件通用性要好，制造要方便，并且应经久耐用。

面铣刀铣削平面一般采用二次走刀。粗铣时沿工件表面连续走刀，应选好每一次走刀宽度和铣刀直径，使接刀刀痕不影响精切走刀精度，当加工余量大且不均匀时铣刀直径要选小些。精加工时铣刀直径要大些，最好能包容加工面的整个宽度。

② 立铣刀。立铣刀是数控机床上用得最多的一种铣刀，主要用于立式铣床上加工凹槽、台阶面等，其结构如图 3.9 所示。立铣刀的圆柱表面和端面上都有切削刃，它们可同时进行切削，也可单独进行切削。立铣刀端面刃主要用来加工与侧面相垂直的底平面。图中的直柄立铣刀分别为两刃、三刃和四刃的铣刀。立铣刀和镶硬质合金刀片的端铣刀主要用于加工凸轮、凹槽和箱口面等。

为了提高槽宽的加工精度，减少铣刀的种类，加工时可采用直径比槽宽小的铣刀，先铣槽的中间部分，然后用刀具半径补偿功能来铣槽的两边，以达到提高槽的加工精度的目的。

③ 模具铣刀。模具铣刀由立铣刀发展而成，主要用于立式铣床上加工模具型腔、三维成型表面等。可分为圆锥形立铣刀、圆柱形球头立铣刀和圆锥形球头立铣刀 3 种，其柄部有直柄、削平型直柄和莫氏锥柄。它的结构特点是球头或端面上布满了切削刃，圆周刃与球头

刃圆弧连接,可以作径向和轴向进给。铣刀工作部分用高速钢或硬质合金制造。图3.10所示为高速钢制造的模具铣刀,图3.11所示为用硬质合金制造的模具铣刀。小规格的硬质合金模具铣刀多制成整体结构,ϕ16mm以上直径的,制成焊接或机夹可转位刀片结构。

图3.8 可转位铣刀　　　　图3.9 整体立铣刀

(a) 圆锥形立铣刀　　(b) 圆柱形球头立铣刀　　(c) 圆锥形球头立铣刀

图3.10 整体模具铣刀

(a) 可转位球头立铣刀　　(b) 可转位圆刀片铣刀　　(c) 整体球头立铣刀

图3.11 圆弧铣刀

曲面加工常采用球头铣刀,但加工曲面较平坦部位时,刀具以球头顶端刃切削,切削条件较差,因而应采用圆弧端铣刀如图3.11所示。

④ 键槽铣刀。键槽铣刀主要用于立式铣床上加工圆头封闭键槽等。如图3.12所示,键槽铣刀有两个刀齿,圆柱面和端面都有切削刃。键槽铣刀可以不经预钻工艺孔而轴向进给达到槽深,然后沿键槽方向铣出键槽全长。

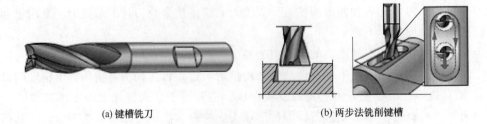

(a) 键槽铣刀　　　　(b) 两步法铣削键槽

图3.12 键槽铣刀

(3) 刀柄

加工中心所用的切削工具由两部分组成，即刀具和供自动换刀装置夹持的通用刀柄及拉钉，如图 3.13 所示。

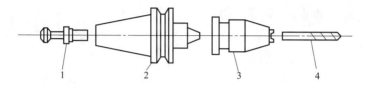

图 3.13 刀柄结构
1—拉钉；2—刀柄；3—联接器；4—刀具

在加工中心上所使用的刀柄，一般采用 7∶24 锥柄，这是因为这种锥柄不自锁，换刀比较方便，并且与直柄相比有较高的定心精度和刚性，刀柄和拉钉已经标准化，各部分尺寸图 3.14 和表 3.8 所示。

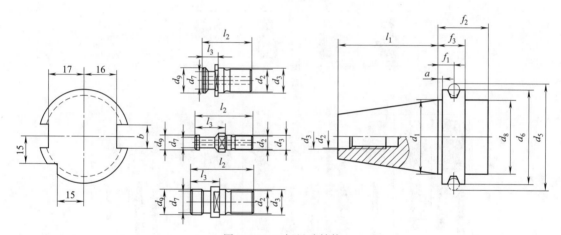

图 3.14 刀柄尺寸结构

表 3.8 刀柄尺寸

型号	a	b	d_1	d_2	d_3	d_5	d_6	d_8	f_1	f_2	f_3	l_1	l_5	l_6	l_7
30	3.2	16.1	31.75	M12	13	59.3	50	45	11.1	35	19.1	47.8	15	16.4	19
40	3.2	16.1	44.45	M16	17	72.30	63.55	50	11.1	35	19.1	68.4	18.5	22.8	25
50	3.2	25.7	69.85	M24	25	107.35	97.50	80	11.1	35	19.1	101.75	30	35.5	37.7

在加工中心上，加工的部位繁多使刀具种类很多，造成与锥柄相连的装夹刀具的工具多种多样，把通用性较强的装夹工具标准化、系列化就成了工具系统。

镗铣工具系统由工作头、刀柄、拉钉、连接杆等组成，起到固定刀具及传递动力的作用。镗铣工具系统可分为整体式与模块式两类。整体式工具系统［如图 3.15（a）所示］，将刀柄和工作头做成一体，需要针对不同刀具都要求配有一个刀柄，使用时方便可靠，但这样工具系统规格、品种繁多，给生产、管理带来不便，成本上升。为了克服上述缺点，国内外相继开发出多种多样的模块式工具系统，如图 3.15（b）所示，将刀柄和工作头分开，做成模块式，然后通过不同的组合而达到使用目的，减少了刀柄的个数。

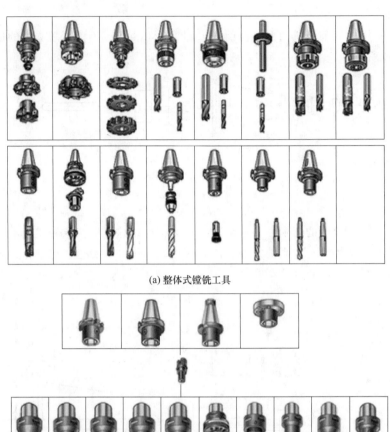

(a) 整体式镗铣工具

(b) 模块式镗铣工具

图 3.15 镗铣工具系统

3.2.2 数控刀具材料选择

当进行金属切削时,一些经验法则能够给出降低刀具成本以及提高速度和进给对产出的影响。从制造业的统计来看,降低刀具采购价格 30%,大约可以降低制造费用 1%;延长刀具寿命 50%,同样可以降低制造费用 1%;而提高加工效率 20%,则可以降低制造费用约 15%。如表 3.9 所示,现代数控刀具与传统切削刀具在加工效率有了质的飞跃。

表 3.9 现代数控刀具与传统切削刀具对比表

项目	传统切削刀具	数控刀具
刀具材料	普通工具钢、高速钢、焊接硬质合金等	PCD、PCBN、陶瓷、超细晶粒硬质合金、涂层刀具、TiCN 基硬质合金、粉末冶金高速钢等
刀具硬度	低	高
被加工工件硬度	低	高,可对高硬材料实现"以车代磨"

续表

项目	传统切削刀具	数控刀具
切削速度	低	加工钢、铸铁，可转位涂层刀片切削速度可达380m/min；加工铸铁，PCBN刀片切削速度可达1000～2000m/min；PCD刀具加工铝合金，切削速度可达5000m/min或更高
刀具消耗费用和金属切除比较	传统高速钢刀具约占全部刀具费用的65%，切除的切屑仅占总切屑的28%	可转位刀具，硬质合金刀具及超硬刀具占全部刀具费用的34%，切除的切屑占总切屑的68%
刀具使用机床	一般金属切削机床	数控车床、数控铣床、加工中心、流水线专机、柔性生产线等
资金投入和企业规模	以通用机床和专机为主，追求低成本，劳动密集	以数控机床为主，追求差异化，多品种，小批量，属于知识人才和资金密集型
人力资源	产业工人占多数，整体素质较高	技术开发、服务、数控工人占多数，从业人员综合素质高
国内状况	传统产业，制造成本高，劳动率低，从业人员占全部工具行业95%以上，市场占有额递减	高技术产业，制造成本低，技术开发费用高，从业人员占全部工具行业5%以内，市场占有额递增

(1) 刀具材料的特性比较

① 硬度。刀具材料的硬度大小顺序：金刚石刀具＞立方氮化硼刀具＞陶瓷刀具＞硬质合金＞高速钢。

② 抗弯强度。刀具材料的抗弯强度大小顺序：高速钢＞硬质合金＞陶瓷刀具＞金刚石和立方氮化硼刀具。

③ 断裂韧性。刀具材料的断裂韧度大小顺序：高速钢＞硬质合金＞陶瓷、金刚石和立方氮化硼刀具。

④ 耐热性。刀具材料的耐热温度：金刚石刀具为：700～800℃；立方碳化硼PCBN刀具为：1300～1500℃；陶瓷刀具为：1100～1200℃；Tic（N）基硬质合金为：900～1100℃；WC基超细晶粒硬质合金为：800～900℃；高速钢HSS为：600～700℃。

⑤ 适合材料，不同刀具适合的工件材料颜色字母辨别（ISO）：P→蓝色→钢；M→黄色→不锈钢；K→红色→铸铁；N→绿色→铝合金；S→橘色→耐热合金；H→灰色→淬火钢。

⑥ 刀具材料的特性决定了应用的领域和使用的条件，如图3.16所示。

(2) 数控刀具材料合理选择

如表3.10所示，不同的刀具材料所适合的加工领域各有差别。

① 金刚石刀具的热稳定性比较差，切削温度达到800℃时，就会失去其硬度。金刚石刀具不适合与加工钢铁类材料，因为，金刚石与铁有很强的化学亲和力，在高温下铁原子容易与碳原子相互作用使其转化为石墨结构，刀具极容易损坏。金刚石刀具主要适合于加工非金属材料、有色金属及其合金。

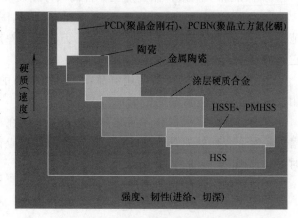

图3.16 不同刀具材料的应用领域

② PCBN刀具适合加工的工件材料有：硬度在45HRC以上的淬硬钢和耐磨铸铁、35HRC以上的耐热合金以及30HRC以下且

其他刀片很难加工的珠光体灰口铸铁。

③ 陶瓷刀具主要用于硬质合金刀具不能加工的普通钢和铸铁的高速切削加工以及难加工材料的加工,以提高效率的应用。陶瓷刀具工作时通常是干切削。

④ 硬质合金可以用于加工各种铸铁、有色金属和非金属材料,也适用于加工各种钢材和耐热合金。

⑤ 高速钢（HSS）刀具在强度、韧性及工艺性等方面具有优良的综合性能,在制造孔加工刀具、铣刀、螺纹刀具、拉刀、切齿刀具等一些刃形复杂刀具上仍占据主要地位。按制造工艺不同,高速钢可分为熔炼高速钢和粉末冶金高速钢（PM HSS）。按用途不同,高速钢可分为通用型高速钢和高性能高速钢。通用型高速钢如：W18Cr4V、W6Mo5Cr4V2；高性能高速钢又分为：高碳高速钢（95W18Cr4v）、高钒高速钢（W12Cr4V4Mo）；钴高速钢（W2Mo9Cr4VCo8 M42）、铝高速钢（W6Mo5Cr4V2AL 501）。

表 3.10　各种刀具所适合加工的工件材料

刀具	高硬钢	耐热合金	钛合金	镍基高温合金	铸铁	纯钢	高硅铝合金	FRP复材料
PCD	×	×	◎	×	×	×	◎	◎
PCBN	◎	◎	○	◎	◎	×	●	●
陶瓷刀具	◎	◎	×	◎	◎	●	×	×
涂层硬质合金	○	◎	◎	●	◎	◎	●	●
TiCN基硬质合金	●	×	×	×	◎	●	×	×

注：◎——优，○——良，●——尚可，×——不合适。

3.2.3 切削用量定制

(1) 铣削用量的选用原则

合理的切削用量应满足以下原则：在保证安全生产,不出现人员事故、设备故障,保证工作加工质量的前提下,能充分地发挥机床的潜力和切削性能,在不超过机床的有效功率和工艺系统刚性所允许的额定负荷的情况下,尽量选用较大的切削用量。一般情况下,对切削用量的选择时应考虑到下列问题。

① 保证加工质量：保证加工零件的尺寸精度和表面粗糙度达到工件图样的要求。

② 保证切削用量的选择在工艺系统的能力范围内：不应超过机床允许的动力和转矩的范围,不应超过工艺系统（加工中心、刀具、工件）的刚度和强度范围,同时又能充分发挥它们的潜力。

③ 保证刀具有合理的使用寿命：在追求较高的生产效率的同时,保证刀具有合理的使用寿命,并考虑较低的制造成本。

以上三条,要根据具体情况有所侧重。一般在粗加工时,应尽可能地发挥刀具、机床的潜力和保证合理的刀具使用寿命。精加工时,则应首先保证切削加工精度和表面粗糙度,同时兼顾合理的刀具的使用寿命。

(2) 切削深度和切削宽度

切削深度 A_p：是指切削过程中沿刀具轴线方向工件被切削的切削层尺寸（mm）。

切削宽度 A_e：是指垂直于刀具轴线方向和进给运动方向所在平面上工件被切削的切削层尺寸（mm）。

切削深度的选用原则：

① 粗加工时，除留下精加工余量外，一次走刀应尽可能切除全部余量。在加工余量过大、工艺系统刚性较低、机床功率不足、刀具强度不够等情况下，可分多次走刀。当遇到切削表层有"硬皮"的铸锻件时，应尽量使切削深度大于硬皮层的厚度，以保护刀尖。精加工的加工余量一般较小，可一次切除。

② 在中等功率机床上，粗加工的加工余量可达 8～10mm；半精加工的加工余量取 0.5～5mm；精加工的加工余量取 0.2～1.5mm。

③ 余量不大时，力求粗加工一次切削完成；但是在余量较大或工艺系统刚性较差或机床动力不足时，可多次分层切削完成。

④ 当工件表面粗糙度值要求不高时，粗铣或分粗铣、半精铣两步加工；当工件表面粗糙度值要求较高时，宜分粗铣、半精铣、精铣三步进行。

在编程中切削宽度称为步距，一般切削宽度与刀具直径成正比，与切削深度成反比。在粗加工中，步距取得大有利于提高加工效率。在使用平底刀进行切削时，切削宽度的一般取值范围为：$(0.6～0.9)D$。而使用圆角刀进行加工，刀具直径应扣除刀尖的圆角部分，即 $d=D-2r$（D 为刀具直径，r 为刀尖圆角半径），而切削宽度可以取 $(0.8～0.9)d$。而在使用球头刀进行精加工时，步距的确定应首先考虑所能达到的精度和表面粗糙度。

切削深度的选择，通常如下：

① 在工件表面粗糙度值要求为 $Ra12.5～25\mu m$ 时，如果圆周铣削的加工余量小于 5mm，端铣的加工余量小于 6mm，粗铣一次进给就可以达到要求。但在余量较大，工艺系统刚性较差或机床动力不足时，可分多次进给完成。

② 在工件表面粗糙度值要求为 $Ra3.2～12.5\mu m$ 时，可分粗铣和半精铣两步进行。粗铣时切削深度或切削宽度选取同前。粗铣后留 0.3～1.0mm 余量，在半精铣时切除。

③ 在工件表面粗糙度值要求为 $Ra0.8～3.2\mu m$ 时，可分粗铣、半精铣、精铣 3 步进行。半精铣时切削深度或切削宽度取 1.5～2mm；精铣时圆周铣侧吃刀量取 0.15～0.5mm，面铣刀背吃刀量取 0.5～1mm。

(3) 进给量

进给量的定义：进给运动速度的大小称为进给量。

它一般有以下三种方法：

① 每齿进给量 f_z：铣刀每转过 1 齿，工件沿进给方向所移动的距离（mm/z）。

② 每转进给量 f：铣刀每转过 1 转，工件沿进给方向所移动的距离（mm/r）。

③ 每分钟进给量 V_f：铣刀每旋转 1min，工件沿进给方向所移动的距离（mm/min）。

$$V_f = f \times n = f_z \times z \times n$$

式中，n 为铣刀转速；z 为铣刀齿数。

进给量的选择原则：

① 每齿进给量的选取主要依据工件材料的力学性能、刀具材料、工件表面粗糙度等因素。工件材料强度和硬度越高，且切削力越高，每齿进给量宜选得小些；刀具强度、韧性越高，可承受的切削力越大，每齿进给量宜选得大一些；工件表面粗糙度要求越高，每齿进给量选小些；工艺系统刚性差，每齿进给量应取较小值。

② 粗加工时，由于对工件的表面质量没有太高的要求，这时主要根据机床进给机构的强度和刚性、刀杆的强度和刚性、刀具材料、刀杆和工件尺寸，以及已选定的背刀吃量等因素来选取进给速度。

③ 精加工时，则按工件表面粗糙度、刀具及工件材料等因素来选取进给速度。

每齿进给量 f_z 的选取主要取决于工件材料的力学性能、刀具材料、工件表面粗糙度等因素。工件材料的强度和硬度越高，f_z 越小；反之则越大。硬质合金铣刀的每齿进给量高于同类高速钢铣刀。工件表面粗糙度要求越高，f_z 就越小。每齿进给量的确定可参考表 3.11 选取。

表 3.11 铣刀每齿进给量 f_z 单位：mm/z

铣刀 工件材料	平铣刀	面铣刀	圆柱铣刀	端铣刀	成形铣刀	高速钢 镶刃刀	硬质合金镶刃刀
铸铁	0.2	0.2	0.07	0.05	0.04	0.3	0.1
可锻铸铁	0.2	0.15	0.07	0.05	0.04	0.3	0.09
低碳钢	0.2	012	0.07	0.05	0.04	0.3	0.09
中高碳钢	0.15	0.15	0.06	0.04	0.03	0.2	0.08
铸钢	0.15	0.1	0.07	0.05	0.04	0.2	0.08
镍铬钢	0.1	0.1	0.05	0.02	0.02	0.15	0.06
高镍铬钢	0.1	0.1	0.04	0.02	0.02	0.1	0.05
黄铜	0.2	0.2	0.07	0.05	0.04	0.03	0.21
青铜	0.15	0.15	0.07	0.05	0.04	0.03	0.1
铝	0.1	0.1	0.07	0.05	0.04	0.02	0.1
Al-Si 合金	0.1	0.1	0.07	0.05	0.04	0.18	0.1
Mg-Al-Zn	0.1	0.1	0.07	0.04	0.03	0.15	0.08
Al-Cu-Mg	0.15	0.1	0.07	0.05	0.04	0.02	0.1
Al-Cu-Si							—

(4) 切削速度 V_c

切削速度的定义：主运动的线速度称为切削速度（m/min）。由于数控铣削加工中心的主运动是指铣刀的旋转运动，故铣削的切削速度是指铣刀外圆上刀刃的线速度。

计算公式：$V_c = \pi d n / 1000$

式中，d 为铣刀的直径，mm；n 为铣刀的转速，r/min。

在加工过程中，习惯的做法是将切削速度 V_c 转算成机床的主轴转速 n。在数控铣削加工中心中，用大写 S 后加不同的数字来设定主轴转速。

切削速度的选择原则：

① 切削速度 V_c 可根据已经选定的背刀吃量、进给量和刀具耐用度选取。实际加工过程中，也可根据生产实践经验和查表的方法选取。

② 粗加工和工件材料的加工性能较差时，宜选用较低的切削速度。精加工或刀具材料、工件材料的切削性能较好时，宜选用较高的切削速度。

③ 切削速度 V_c 确定后，可根据刀具或刀具直径（d），按公式 $n = 1000 V_c / (\pi d)$ 来确定主轴转速 n(r/min)。

注意选择切削速度，不容忽视以下几点：

① 刀具材料硬度高，耐磨、耐热性好时，可取较高的切削速度。

② 工件材料可切削性差时，如强度、硬度高，塑性太大或较小，切削速度应取低些。

③ 工艺系统（机床、夹具、刀具、工件）的刚度较差时，应适当降低切削速度以防止振动。

④ 切削速度的选用应与切深、进给量的选择相适应。当切深、进给量增大时，刀刃负荷增加，使切削热增加，刀具磨损加快，从而限制了切削速度的提高。当切深、进给量均小

时，可选择较高的切削速度。

⑤ 在机床功率较小的机床上，限制切削速度的因素也可能是机床功率。在一般情况下，可以先根据刀具耐用度来求出切削速度，然后再校验机床功率是否超载。

影响切削速度的因素很多，其中最主要的是刀具材质，参见表 3.12。

表 3.12　刀具材料与许用最高切削速度表

序号	刀具材料	类别	主要化学成分	最高切削速度/(m/min)
1	碳素工具钢		Fc	
2	高速钢	钨系	18W+4Cr+1V+(Co)	50
		铝系	7W+5Mo+4Cr+1V	
3	超硬工具	P 种（钢用）	WC+Co+TiC+(TaC)	150
		M 种（铸钢用）	WC+Co+TiC+(TaC)	
		K 种（铸铁用）	WC+Co	
4	涂镀刀具（COATING）		超硬母材料镀 Ti TiNi103　A203	250
5	陶金（CERMET）	TicN+NbC 系	TicN+NbC+CO	300
		NbC 系	NbC+Tic+CO	
		TiN 系	TiN+TiC+C0	
6	陶瓷（CERAMIC）	酸化物系	Al_2O_3　$Al_2O_3+ZrO_2$	1000
		氮化硅素系	Si_3N_4	
		混合系	Al_2O_3+Tic	
7	CBN 工具	氮化硼	高温高压下烧结(BN)	1000
8	金刚石工具	非金属	钻石（多结晶）	1000

表 3.13 是数控机床和加工中心常用的切削速度用量表，供参考。

表 3.13　铣刀切削速度　　　　　　　　　　单位：m/min

工作材料	硬度(HB)	铣削速度 v/(m/min)	
		高速钢铣刀	硬质合金铣刀
低、中碳钢	<220	21～40	60～150
	220～290	15～36	54～115
	290～425	9～15	36～75
高碳钢	<220	18～36	60～130
	220～325	14～21	53～105
	325～375	8～12	36～48
	375～425	6～10	35～45
合金钢	<220	15～35	55～120
	220～325	10～24	37～80
	325～425	5～9	30～60
工具钢	200～250	12～23	45～83
灰铸铁	100～140	24～36	110～115
	140～225	15～21	60～110
	225～290	9～18	45～90
	290～320	5～10	21～30
可锻铸铁	110～160	42～50	100～200
	160～200	24～36	83～120
	200～240	15～24	72～110
	240～280	9～21	40～60
中碳铸钢	160～200	15～21	60～90
铝合金	—	180～300	360～600
铜合金	—	45～100	120～190
镁合金	—	180～270	150～600
铝镁合金	—	180～300	360～600

(5) 主轴转速 n(r/min)

主轴转速一般根据切削速度 V_c 来选定。计算公式为：

$$n=\frac{1000\times V_c}{\pi\times d}$$

式中，d 为刀具或工件直径，mm。

对于球头立铣刀的计算直径 D，一般要小于铣刀直径 D，故其实际转速不应按铣刀直径 D 计算，而应按计算直径 D_e 计算。

$$D_e=\sqrt{D^2-(D-D\times a_p)^2}$$

a_p 为切削深度，此时切削速度由以下公式计算。

$$n=\frac{1000\times V_C}{\pi\times D_e}$$

数控机床的控制面板上一般备有主轴转速修调（倍率）开关和进给速度修调（倍率）开关，可在加工过程中对主轴转速和加工速度进行调整。

切削速度与转速的换算表如表 3.14 所示。

表 3.14 不同刀具直径、切削速度与转速换算关系

零件刀具 ϕ	切削速度(V_c)/(m/min)										
	30	40	50	100	150	200	300	400	500	600	700
12	795	1060	1326	2652	3979	5305	7957	10610	13262		
16	597	795	995	1989	2984	3978	5968	7957	9947	11936	
20	477	637	796	1591	2387	3183	4774	6366	7957	9549	11140
25	382	509	637	1273	1910	2546	3819	5092	6366	7639	8912
32	298	398	497	994	1492	1989	2984	3978	4973	5968	6963
40	239	318	398	795	1194	1591	2387	3183	3978	4774	5570
50	191	255	318	636	955	1272	1909	2546	3183	3819	4456
63	151	202	253	505	758	1010	1515	2021	2526	3031	3536
80	119	159	199	397	597	795	1193	1591	1989	2387	2785
100	95	127	159	318	477	636	952	1273	1591	1909	2228
125	76	109	124	255	382	509	764	1018	1237	1527	1782
160	60	80	99	198	298	397	596	795	994	1193	1392
175	55	71	91	182	273	363	544	727	909	1091	1273
200	48	64	80	160	239	318	476	636	795	954	1114

注：如果所用刀具的直径为 80mm，则刀片盒上的切削速度起始值(V_c)为 200m/min，从最左侧列中找到刀具尺寸，并从最上面一行中找到切削速度，两者的交集便是主轴转速：795r/min。

3.2.4 刀具其他参数选择

(1) 刀具主偏角选择

不同主偏角刀具的应用如表 3.15 所示。

(2) 刀具直径选择

如果可能，应选择比工件宽度大的铣刀直径，如图 3.17 所示。

(3) 刀具位置选择

切削长度会受到铣刀位置的影响，刀具寿命常常与切削刃必须承担的切削长度有关。定位于工件中央的铣刀其切削长度短，如果使铣刀在任一方向偏离中心线，切削的弧就长。要记住，切削力是如何作用的，必须达到一个折中。在刀具定位于工件的中央的情况下，当刀

片切削刃进入或退出切削时，径向切削力的方向就随之改变。机床主轴的间隙也使振动加剧，导致刀片振动。

如图 3.18 所示，通过使刀具偏离中央，就会得到恒定的、有利的切削力方向。悬伸越长，克服所有可能的振动也就越重要。

表 3.15　不同主偏角刀具适合加工范围

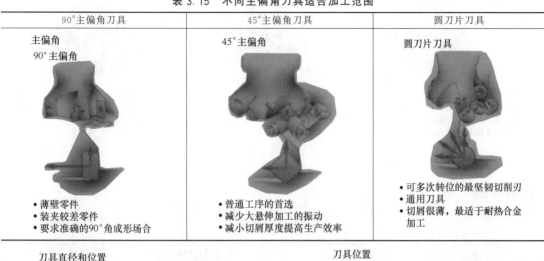

90°主偏角刀具	45°主偏角刀具	圆刀片刀具
主偏角 90°主偏角	45°主偏角	圆刀片刀具
• 薄壁零件 • 装夹较差零件 • 要求准确的90°角成形场合	• 普通工序的首选 • 减少大悬伸加工的振动 • 减小切屑厚度提高生产效率	• 可多次转位的最坚韧切削刃 • 通用刀具 • 切屑很薄，最适于耐热合金加工

刀具直径和位置

 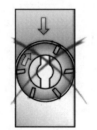

图 3.17　尽可能选择比工件宽度大的铣刀直径

刀具位置

图 3.18　刀具应偏离工件中心避免振动

（4）铣削方向选择

主要建议是：尽可能多使用顺铣，如图 3.19 所示。当切削刃刚进行切削时，在顺铣中，切屑厚度可达到其最大值。而在逆铣中，为最小值。一般来说，在逆铣中刀具寿命比在顺铣中短，这是因为在逆铣中产生的热量比顺铣中明显地高。在逆铣中当切屑厚度从零增加到最大时，由于切削刃受到的摩擦比顺铣中强，因此会产生更多的热量。逆铣中径向力也明显高，这对主轴轴承有不利影响。

铣削方向

图 3.19　选择顺铣的加工方式

在顺铣中，切削刃主要受到的是压缩应力，这与逆铣中产生的拉力相比，对硬质合金刀片或整体硬质合金刀具的影响有利得多。当然也有例外。当使用整体硬质合金立铣刀进行侧铣（精加工）时，特别是在淬硬材料中，逆铣是首选。这更容易获得更小公差的壁直线度和更好的 90°角。使用老式手动铣床进行铣削，老式铣床的丝杠有较大的间隙，逆铣产生消除间隙的切削力，使铣削动作更平稳。

(5) 刀具齿距的选择

铣削刀具齿距是刀刃上某点和下一刀刃上相同点之间的距离。铣削刀具分为疏齿、密齿和超密齿，如图 3.20 所示。

刀体

疏齿距 (-L)

当稳定性和功率有限时，为达到最高生产效率，可使用不等齿距或减少刀片数量，可用于长悬深刀具，小型机床，如锥度为40的刀柄

密齿距 (-M)

普通铣削和混合加工

超密齿 (-H)

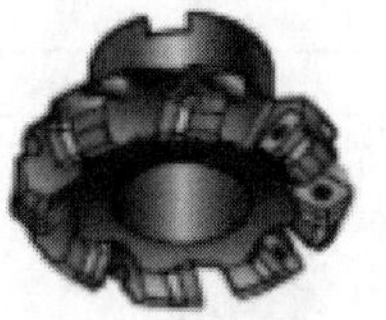

稳定工况下获取最佳生产效率的最大刀片数。短切屑材料，耐热材料

图 3.20 刀具齿距选择

任务实施

课程任务单

实训任务 3.2		数控刀具切削参数	
学习小组：	班级：		日期：
小组成员(签名)：			

任务描述(分小组完成)

使用不同的刀具和不同的材料，采用不同的铣削参数，体验刀具的切削性能和材料的可切削性。每小组至少做 5 次试验。

任务完成情况：

序号	材料	刀具	切削参数	切削现象 声音、切削颜色、振动、表面粗糙度等方面的感性认识
1				
2				
3				
4				
5				
6				
7				
8				

任务 3　平面零件手工编程

相关知识

在数控加工中，环切和行切是典型的两种走刀路线，如图 3.21 所示。

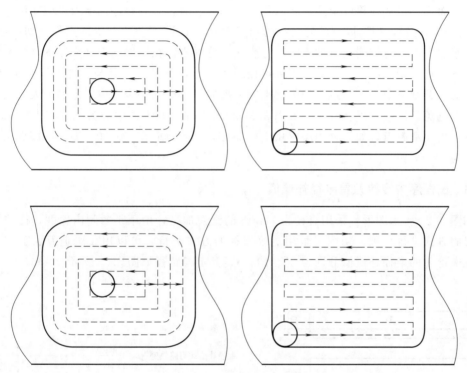

图 3.21　环切与行切走刀路径

环切主要用于轮廓的半精、精加工及粗加工，用于粗加工时，其效率比行切低，但可方便地用刀补功能实现。

环切加工是利用已有精加工刀补程序，通过修改刀具半径补偿值的方式，控制刀具从内向外或从外向内，一层一层去除工件余量，直至完成零件加工。

编写环切加工程序，需解决三个问题：

① 环切刀具半径补偿值的计算；
② 环切刀补程序工步起点（下刀点）的确定；
③ 如何在程序中修改刀具半径补偿值。

3.3.1　环切刀具半径补偿值的计算

确定环切刀具半径补偿值可按如下步骤进行：

① 确定刀具直径、走刀步距和精加工余量；
② 确定半精加工和精加工刀补值；
③ 确定环切第一刀的刀具中心相对零件轮廓的位置（第一刀刀补值）；
④ 根据步距确定中间刀轨刀补值。

3.3.2 环切刀补程序工步起点（下刀点）的确定

对于封闭外轮廓的刀补加工程序来说，一般选择轮廓上凸出的角作为切削起点，对内轮廓，如没有这样的点，可以选取圆弧与直线的相切点，以避免在轮廓上留下接刀痕。在确定切削起点后，再在该点附近确定一个合适的点，来完成刀补的建立与撤销，这个专用于刀补建立与撤销的点就是刀补程序的工步起点，一般情况下也是刀补程序的下刀点。

一般而言，当选择轮廓上凸出的角作为切削起点时，刀补程序的下刀点应在该角的角平分线上（45°方向），当选取圆弧与直线的相切点或某水平/垂直直线上的点作为切削起点时，刀补程序的下刀点与切削起点的连线应与直线部分垂直。在一般的刀补程序中，为缩短空刀距离，下刀点与切削起点的距离比刀具半径略大一点，下刀时刀具与工件不发生干涉即可。但在环切刀补程序中，下刀点与切削起点的距离应大于在上一步骤中确定的最大刀具半径补偿值，以避免产生刀具干涉报警。如图3.22所示零件，取零件中心为编程零点，取直线段的中点作为切削起点，如刀补程序仅用于精加工，下刀点取在（0，0）即可，该点至切削起点距离为12.5mm。

3.3.3 在程序中修改刀具半径补偿值

如图3.22所示图形，采用直径为12mm的铣刀加工，由于是封闭内轮廓，往往采用螺旋下刀的方式进行切削，切削时采用更改刀补的方式进行，可以用3次走刀加工完整个工件，三次走刀的半径补偿值分别为20、13、6；其走刀路径如图3.23所示。

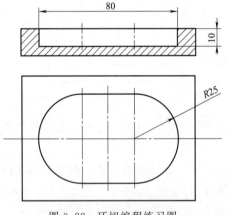

图3.22 环切编程练习图

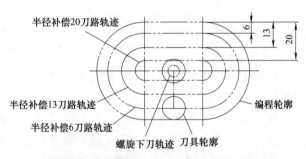

图3.23 环切编程与螺旋下刀刀路轨迹

为了能够在程序中调用刀补数值，在数控机床上设置如表3.16所示刀补数值。

表3.16 刀补号和刀补值

补偿号	刀具补偿半径	补偿号	刀具补偿半径
1	20	3	6
2	13		

该例中所有加工程序如下：
(1) 螺旋进刀子程序
%
（螺旋切削子程序）

O1331；
G91 G03 I−3 J0 Z−1   //每次螺旋一周，向 Z 轴进刀 1mm
M99；
%

(2) 螺旋下刀子程序
%
(螺旋下刀)；
O1332；
G91 G01 X3 Y0 F1000；
M98 P1331 L1   //本例中每层切削深度为 1mm，所以循环 1 次
G91 G01 X−3 Y0 F1000；
M99；
%

(3) 封闭内轮廓精加工程序
%
O1335；
X15；
G03 X15 Y25 R25；
G01 X−15；
G03 Y−25 R25；
G01 X0；
M99；
%

(4) 每层切削子程序
%；
O1336；
M98 P1332；   (螺旋进刀)
G90 G01 G41 X0 Y−25 D1； (调用 1 号刀补)
M98 P1335；
G90 G01 G40 X0 Y0；   (取消刀补)
G90 G01 G41 X0 Y−25 D2； (调用 2 号刀补)
M98 P1335；
G90 G01 G40 X0 Y0；   (取消刀)补
G90 G01 G41 X0 Y−25 D3； (调用 3 号刀补)
M98 P1335
G90 G01 G40 X0 Y0；
M99；
%

(5) 加工主程序
%

```
O1334
G54 G90 G21 G49；
M03 S1000；
G00 X0 Y0；
Z100；
Z10；
G01 Z0 F1000；
M98 P1336 L10；
G90 Z10；
Z100；
M05；
M30；
%
```

3.3.4 在程序中实时修改刀具半径补偿

在偏置刀补时，每次都提前在数控操作系统中设置刀具半径补偿显得比较麻烦和烦琐，可以通过系统中参数设定指令来实时完成刀补设置。

格式：G10 L_ P_ R_；

其中：

L_表示参数，L10表示刀具长度补偿；L11表示长度磨损；L12表示刀具半径；L13表示刀具半径磨损。

P_表示刀具补偿号。

R_表示输入的数值。

例如：G10 L12 P30 R20 表示将30号刀具半径补偿值设置为20。

通过在程序中设置刀具半径补偿，上述例题的每层切削子程序可写成如下形式。

(1) 轮廓加工程序

```
%
O1338；
G90 G01 G41 X0 Y-25 D30；  （添加刀补）
X15；
G03 X15 Y25 R25；
G01 X-15；
G03 Y-25 R25；
G01 X0；
G90 G01 G40 X0 Y0；        （取消刀补）
M99；
%
```

(2) 每层切削子程序

```
%
O1337；
M98 P1332；
```

```
G10 L12 P30 R20;          （设置半径补偿值为20）
M98 P1338;
G10 L12 P30 R13;          （设置半径补偿值为13）
M98 P1338;
G10 L12 P30 R6;           （设置半径补偿值为6）
M98 P1338;
M99;
%
```

(3) 加工主程序

```
%
O1339;
G54 G90 G21 G40 G49;
M03 S1000;
G00 X0 Y0;
Z100;
Z10;
G01 Z0 F1000;
M98 P1337 L10;
G90 Z10;
Z100;
M05;
M30;
%
```

任务实施

课程任务单

实训任务3.3		数控加工切削路径	
学习小组：	班级：		日期：
小组成员（签名）：			

任务描述（分小组完成）

参考下图，也可自行设计其他图形，计算零件轮廓点位，并编制轮廓程序，采用设定刀补的方法完成零件的粗精加工，每次切削深度1mm，也可以选择其他合适零件轮廓加工。

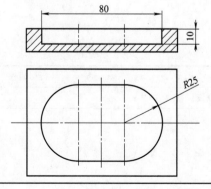

续表

任务完成情况：

序号	姓名	任务分配	完成情况
1			
2			
3			
4			
5			

任务 4　行　切　编　程

相关知识

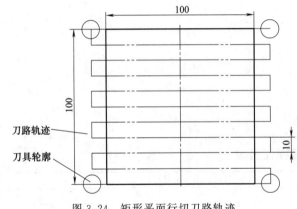

图 3.24　矩形平面行切刀路轨迹

行切在手工编程时多用于加工规则矩形平面、台阶面和矩形下陷等特征加工，对非矩形区域的行切一般用自动编程实现。

矩形平面一般采用往复走刀的方式加工，在主切削方向上，刀具中心需切削至零件轮廓边沿；在进刀方向上，起始和终止位置需伸出工件一段距离，以避免欠切。

例如工件尺寸 100mm×100mm，采用 $\phi 12$ 端铣刀加工，步距 10mm，其刀路轨迹可以如图 3.24 所示。

一般来讲，铣面应采用面铣刀，采用本例只是为了说明行切手工编程的编程方法。行切编程的程序相对简单，学生可自行完成编程。

任务实施

<table>
<tr><td colspan="6" align="center">课程任务单</td></tr>
<tr><td colspan="2">实训任务 3.4</td><td colspan="4" align="center">行切编程</td></tr>
<tr><td>学习小组：</td><td colspan="3">班级：</td><td colspan="2">日期：</td></tr>
<tr><td colspan="6">小组成员(签名)：</td></tr>
</table>

续表

任务描述(分小组完成)

参考下图,也可自行设计其他图形,运用进入学习的知识,加工两个精毛坯,也可以选择其他合适零件轮廓加工。

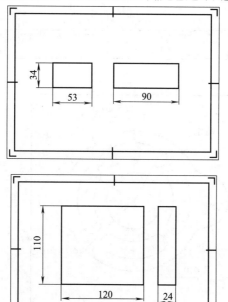

任务完成情况:

序号	姓名	任务分配	完成情况
1			
2			
3			
4			
5			

思 考 题

1. 数控刀具的材料都有哪些?
2. 整体硬质合金铣刀一般的切削速度是多少?
3. 简要说明ISO标准将金属材料分为的6种类型组。
4. 简述刀具选用原则。
5. 行切与环切走刀方法有什么区别?
6. 简述顺铣和逆铣的概念。

实操训练与知识拓展

练习 1

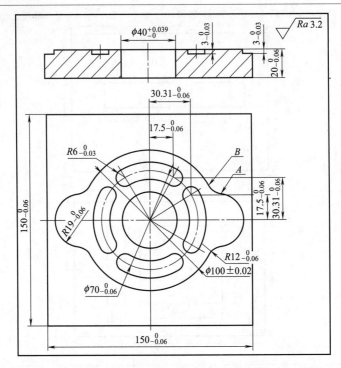

练习 2

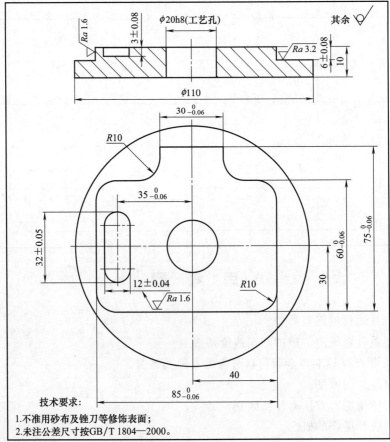

技术要求：
1. 不准用砂布及锉刀等修饰表面；
2. 未注公差尺寸按GB/T 1804—2000。

练习3

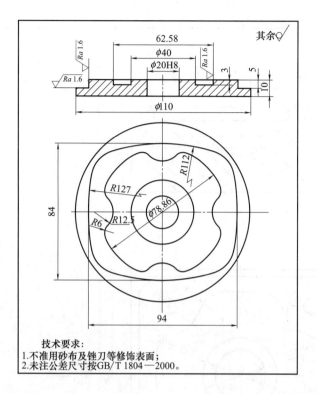

练习4

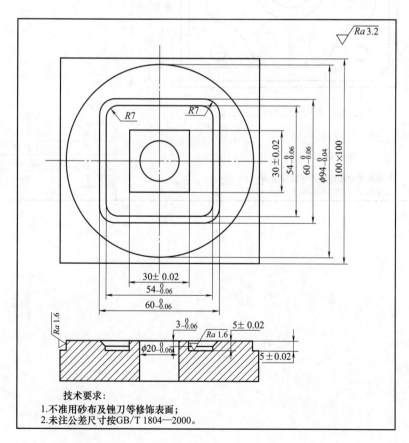

练习 5

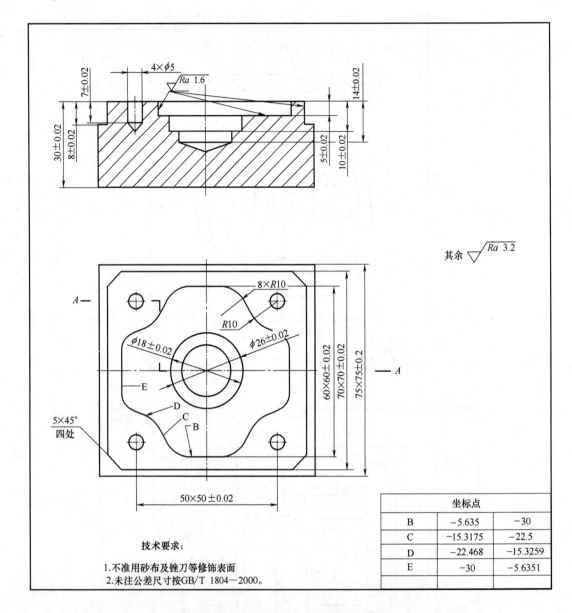

项目 4

宏程序编程与应用

项目导入

用户宏程序

在数控加工程序编写中普通程序只能指定常量,常量之间不能计算,程序只能按照编写的顺序执行不能跳转,因此功能是固定的,不能变化。而在程序中使用变量,通过对变量进行赋值及处理的方法达到程序功能,这种有变量的程序称之为宏程序(图 4.1)。使用宏程序编程,针对同一类型的编程,只需改动变量数值,不用重新编程,就可以得到不同尺寸而几何形状相似的程序,宏程序应用灵活、形式自由,还具备计算机高级语言的表达式、逻辑运算及类似的程序流程,使加工程序简练易懂,实现普通编

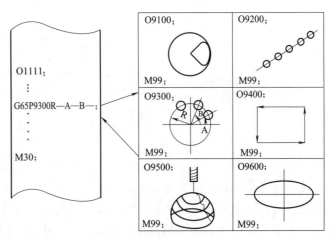

图 4.1 用户宏程序

程难以实现的功能。在加工形状类似但大小不同特征(圆、方及其他特征)、大小相同但位置不同(组孔、阵列等)、特殊形状(椭圆、球等)以及实现特定自动化功能(刀具长度测量、生产管理等)方面巧用宏程序将起到事半功倍的效果。

知识目标

1. 掌握宏程序机床知识;
2. 掌握基于基本特征的粗加工方法;
3. 掌握圆孔、圆柱、沟槽等特征的宏程序应用;
4. 掌握封闭式键槽和内腔的下刀方法,开放式沟槽和内腔下刀和加工方法,走刀路线。

技能目标

1. 能够编写简单的宏程序;
2. 能够选择合适的刀具和制定合理的切削用量;
3. 能够正确分析零件工艺,并调用宏程序加工零件。
4. 能够正确地设置宏程序的参数,并正确调用宏程序。

任务 1　数控宏程序基础知识认知

相关知识

4.1.1　什么是用户宏程序

用户宏程序是除了使用通常的 CNC 指令外，还可使用带变量的 CNC 指令，进行变量运算，使用跳转、循环指令等，具有某种功能的一组命令，像数控加工程序一样存储在内存中。

存储的这组命令称为用户宏程序主体（简称宏程序），用户宏程序可以被"调用宏程序的指令"调用，如图 4.2 所示。可以作为主程序、子程序。

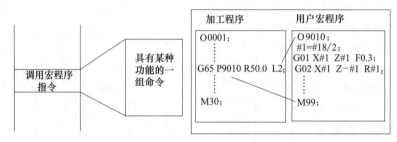

图 4.2　用户宏程序调用

由于宏程序允许使用变量、算术和逻辑运算、条件转移以及循环指令，使得编制相同的加工操作程序更方便，可将相同的加工操作编为通用程序，如内型腔加工、球面加工等。使用时，只需通过改变其变量值就可以直接使用，还可以用一条简单指令调出用户宏程序，和调用子程序一样。文中关于宏程序的调用不作研究，着重研究怎样使用变量宏程序进行球面加工。宏程序一般用于以下场景：

① 形状类似但大小不同（圆、方及其他）；
② 大小相同但位置不同（组孔、阵列等）；
③ 特殊形状（椭圆、球等）；
④ 自动化功能（刀具长度测量、生产管理等）。

宏程序与普通程序的对比：

一般意义上的数控编程（普通程序），是使用数控系统给定的指令代码进行编程。每个代码的功能固定，只要按规定使用即可，为了扩展编程的功能，数控系统厂家在一般指令代码功能基础上，提供了用户宏程序功能。

普通程序使用常量，常量之间不能运算，程序只能顺序执行不能跳转，程序没有通用性。

宏程序可以使用变量（可以赋值），变量之间可以运算，程序运行可以跳转，程序具有通用性。

宏程序与 CAD/CAM 软件自动生成程序的对比：

宏程序短小精悍，任何数控加工只要能够用宏程序完整表达，其程序往往比较精练，对于一些程序存储空间为 128KB、256KB 的数控系统来讲都能容得下。由于不需要考虑程序过长而必须在线加工以及数控与外部电脑传输率的问题。

CAD/CAM 软件自动生成的程序通常比较大，因为其生成刀具轨迹的原理是采用直线段逼近曲线曲面，所以不但程序长，而且存在逼近误差。

用户宏程序与子程序的对比：

子程序可以用于同一操作的重复执行，用户宏程序具有此功能外，还允许使用变量、算术和逻辑操作、条件转移等，也可以扩展一般程序，如凹槽循环和用户定义循环。加工程序可以调用带有简单命令的用户宏程序。

4.1.2 变量

一个普通的零件加工程序指定 G 码并直接用数字值表示移动的距离，例：G01 X100.0。而利用用户宏，既可以直接使用数字值也可以使用变量号。例如：

$$\#1=100.0$$
$$G01\ X\#1\ F300$$

变量书写规格：当指定一个变量时，在♯后指定变量号。C 语言编程时，允许赋名给变量，宏程序没有此功能。例如：♯1。也可以用表达式指定变量号，这时表达式要用方括号括起来。例：♯[♯1+♯2-12]。

变量值的范围：局部变量和公共变量可以有值 0 和在下述范围内的值：$-10^{47} \sim -10^{-19}$；$10^{-29} \sim 10^{47}$，如果计算结果无效，发出 111 号报警。

忽略小数点：在程序中定义变量时，可以忽略小数点。例：当♯1=123 被定义时，变量♯1 的实际值为 123.000。

未定义的变量：当变量的值未定义时，这样的一个变量被看作"空"变量，变量♯0 总是"空"变量，是一个只读变量。

变量的类型：FANUC 变量将变量分为四类，如表 4.1 所示。

表 4.1 FANUC 变量类型表

变量号	变量类型	功能
♯0	"空"	这个变量总是空的,不能赋值
♯1～♯33	局部变量	局部变量只能在宏中使用,以保持操作的结果,关闭电源时,局部变量被初始化成"空"。宏调用时,自变量分配给局部变量
♯100～♯149 （♯199） ♯500～♯531 （♯999）	公共变量	公共变量可在不同的宏程序间共享。关闭电源时变量♯100～♯149 被初始化成"空"，而变量♯500～♯531 保持数据。公共变量♯150～♯199 和♯532～♯999 可以选用,但是当这些变量被使用时,纸带长度减少了 8.5m
♯1000～	系统变量	系统变量用于读写各种 NC 数据项,如当前位置、刀具补偿值

变量的引用：为了在程序中引用变量，指定一个字地址其后跟一个变量号。当用表达式指定一个变量时，须用方括号括起来。例：G01 X[♯1+♯2]F♯3。引用的变量值根据地址的最小输入增量自动进行四舍五入。例：G00 X♯1，其中♯1 值为 12.3456，CNC 最小输入增量 1/1000mm，则实际命令为 G00 X12.346。为了将引用的变量值的符号取反，♯号前加"-"号。例：G00 X-♯1，当引用一个未定义的变量时，忽略变量及引用变量的地址。例：♯1=0，♯2="空"，则 G00 X♯1 Y♯2 的执行结果是 G00 X0。

(1) 常用的系统变量

系统变量能用来读写内部 NC 数据，如刀具补偿值和当前位置数据。然而，注意：有些系统变量是只读变量。对于扩展自动化操作和一般的程序，系统变量是必须的。

(2) 刀具补偿值

使用这类系统变量可以读写刀具补偿值,如表 4.2、表 4.3 所示为 FANUC 刀补变量。

表 4.2 刀补变量(参数 6000♯3=0 时)

系统变量号	系统变量名称	属性	内容
♯2001~♯2200	[♯_OFSHW[n]]	R/W	刀具补偿值(H 代码,磨损) (注释)下标 n 为补偿号(1~200)
♯10001~♯10999			也可以是左边的编号 (注释)下标 n 为补偿号(1~999)
♯2201~♯2400	[♯_OFSHG[n]]	R/W	刀具补偿值(H 代码,几何) (注释)下标 n 为补偿号(1~200)
♯11001~♯11999			也可以是左边的编号 (注释)下标 n 为补偿号(1~999)
♯12001~♯12999	[♯_OFSDW[n]]	R/W	刀具补偿值(D 代码,磨损) (注释)下标 n 为补偿号(1~999)
♯13001~♯13999	[♯_OFSDG[n]]	R/W	刀具补偿值(D 代码,几何) (注释)下标 n 为补偿号(1~999)

表 4.3 刀补变量(参数 6000♯3=1 时)

系统变量号	系统变量名称	属性	内容
♯2001~♯2200	[♯_OFSHW[n]]	R/W	刀具补偿值(H 代码,磨损) (注释)下标 n 为补偿号(1~200)
♯10001~♯10999			也可以是左边的编号 (注释)下标 n 为补偿号(1~999)
♯2201~♯2400	[♯_OFSHG[n]]	R/W	刀具补偿值(H 代码,磨损) (注释)下标 n 为补偿号(1~200)
♯11001~♯11999			也可以是左边的编号 (注释)下标 n 为补偿号(1~999)
♯2401~♯2600	[♯_OFSDW[n]]	R/W	刀具补偿值(D 代码,几何) (注释)下标 n 为补偿号(1~200) 参数 D15(NO.6004♯5)=1 时有效
♯12001~♯12999			也可以是左边的编号 (注释)下标 n 为补偿号(1~999)
♯2601~♯2800	[♯_OFSDG[n]]	R/W	刀具补偿值(D 代码,磨损) (注释)下标 n 为补偿号(1~999) 参数 D15(NO.6004♯5)=1 时有效
♯13001~♯13999			也可以是左边的编号 (注释)下标 n 为补偿号(1~999)

(3) 当前位置变量

位置信息变量不能写只能读,见表 4.4。

表 4.4 刀具位置变量

变量号	位置信息	坐标系	刀具补偿值	移动期间的读操作
♯5001~♯5004	段结束点	工件坐标系	不包括	使能
♯5021~♯5024	当前位置	机床坐标系	包括	无效
♯5041~♯5044	当前位置	工件坐标系		
♯5061~♯5064	跳段信号位置			使能
♯5081~♯5084	刀偏值			无效
♯5101~♯5104	偏差的伺服位置			

注:1. 首位数(从 1~4)分别代表轴号,数 1 代表 X 轴,数 2 代表 Y 轴,数 3 代表 Z 轴,数 4 代表第四轴。

2. 执行当前的刀偏值,而不是立即执行保持在变量♯5081~♯5088 里的值。

3. 在含有 G31(跳段)的段中发出跳段信号时,刀具的位置保持在变量♯5061~♯5068 里,如果不发出跳段信号,指定段的结束点位置保持在这些变量中。

4. 移动期间读变量无效时,表示由于缓冲(准备)区忙,所希望的值不能读。

（4）工件坐标系补偿值（工件零点偏置值）变量

工件零点偏置值变量可以读写，见表 4.5。

表 4.5　工件零点偏置变量

变量号	功　能
♯5201～♯5204	第一轴外部工件零点偏置值～第四轴外部工件零点偏置值
♯5221～♯5224	第一轴 G54 工件零点偏置值～第四轴 G54 工件零点偏置值
♯5241～♯5244	第一轴 G55 工件零点偏置值～第四轴 G55 工件零点偏置值
♯5261～♯5264	第一轴 G56 工件零点偏置值～第四轴 G56 工件零点偏置值
♯5281～♯5284	第一轴 G57 工件零点偏置值～第四轴 G57 工件零点偏置值
♯5301～♯5304	第一轴 G58 工件零点偏置值～第四轴 G58 工件零点偏置值
♯5321～♯5324	第一轴 G59 工件零点偏置值～第四轴 G59 工件零点偏置值
♯7001～♯7004	第一轴工件零点偏置值(G54P1)～第四轴工件零点偏置值
♯7021～♯7024	第一轴工件零点偏置值(G54P2)～第四轴工件零点偏置值

4.1.3　算术和逻辑操作

在表 4.6 中列出的操作可以用变量进行。操作符右边的表达式，可以含有常数和（或）由一个功能块或操作符组成的变量。表达式中的变量♯j 和♯k 可以用常数替换。左边的变量也可以用表达式替换。

表 4.6　算术与逻辑运算

功能	格式	注释
赋值	♯i＝♯j	
加	♯i＝♯j＋♯k	
减	♯i＝♯j－♯k	
乘	♯i＝♯j＊♯k	
除	♯i＝♯j/♯k	
正弦	♯i＝SIN[♯j]	
余弦	♯i＝COS[♯j]	角度以（°）为单位，如：90°30′表示成 90.5°
正切	♯i＝TAN[♯j]	
反正切	♯i＝ATAN[♯j]	
平方根	♯i＝SQRT[♯j]	
绝对值	♯i＝ABS[♯j]	
四舍五入取整	♯i＝ROUND[♯j]	
下进位取整	♯i＝FIX[♯j]	
上进位取整	♯i＝FUP[♯j]	
OR（或）	♯i＝♯jOR♯k	
XOR（异或）	♯i＝♯jXOR♯k	用二进制数按位进行逻辑操作
AND（与）	♯i＝♯jAND♯k	
将 BCD 码转换成 BIN 码	♯i＝BIN[♯j]	用于与 PMC 间信号的交换
将 BIN 码转换成 BCD 码	♯i＝BCD[♯j]	

注意：

① 角度单位：在 SIN、COS、TAN、ATAN 中所用的角度单位是（°）。

② ATAN 功能：在 ATANT 之后的两个变量用"/"分开，结果在 0°和 360°之间。

例：当♯1＝ATANT[1]/[－1] 时，♯1＝135.0。

③ ROUND 功能：

a. 当 ROUND 功能包含在算术或逻辑操作、IF 语句、WHILE 语句中时，将保留小数点后一位,其余位进行四舍五入。

例:♯1=ROUND［♯2］,其中♯2=1.2345,则♯1=1.0。

b. 当 ROUND 出现在 NC 语句地址中时,进位功能根据地址的最小输入增量四舍五入指定的值。

例:编一个程序,根据变量♯1、♯2 的值进行切削,然后返回到初始点。假定增量系统是 1/1000mm,♯1=1.2345,♯2=2.3456,则

G00 G91 X－♯1,移动 1.235mm;

G01 X－♯2 F300,移动 2.346mm;

G00 X［♯1＋♯2］,因为 1.2345＋2.3456＝3.5801 移动 3.580mm,此时机床不能返回到初始位置。而换成 G00 X［ROUND［♯1］＋ROUND［♯2］］能返回到初始点。

④ 上进位和下进位成整数:例♯1=1.2, ♯2=－1.2,则♯3=FUP［♯1］,结果♯3=2.0 ♯3=FIX［♯1］,结果♯3=1.0 ♯3=FUP［♯2］,结果♯3=－2.0 ♯3=FIX［♯2］,结果♯3=－1.0。

⑤ 算术和逻辑操作的缩写方式:取功能块名的前两个字符,例:ROUND 可简写为 RO。

⑥ 操作的优先权:功能块＞如乘除（*,/,AND,MOD）这样的操作＞如加减（＋,－,OR,XOR）这样的操作。

⑦ 方括号嵌套:方括号用于改变操作的顺序。最多可用五层,超出五层,出现 118 号报警。注意:方括号用于封闭表达式,圆括号用于注释。

⑧ 除数:如果除数是零或 TAN［90］,则会产生 112 号报警。

4.1.4 分支和循环语句

在一个程序中,控制流程可以用 GOTO、IF 语句改变。有三种分支循环语句如下:

① GOTO 语句（无条件分支）;

② IF 语句（条件分支:if…,then…）;

③ WHILE 语句（循环语句 while…）。

(1) 无条件分支（GOTO 语句）

功能:跳转向程序的第 N 句。当指定的顺序号大于 1～9999 时,出现 128 号报警,顺序号可以用表达式。

格式:GOTO n;n 是顺序号（1～9999）。

(2) 条件分支（IF 语句）

功能:在 IF 后面指定一个条件表达式,如果条件满足,转向第 N 句,否则执行下一段。

格式:IF［条件表达式］ GOTO n;

其中:一个条件表达式一定要有一个操作符,这个操作符插在两个变量或一个变量和一个常数之间,并且要用方括号括起来,即［表达式 操作符 表达式］。常见的操作符如表 4.7 所示。

(3) 循环（WHILE 语句）

功能:在 WHILE 后指定一个条件表达式,条件满足时,执行 DO 到 END 之间的语句,否则执行 END 后的语句。

表 4.7 常见的操作

名称	操作符	意义
等于	EQ	=
不等于	NE	≠
大于	GT	>
大于等于	GE	≥
小于	LT	<
小于等于	LE	≤

格式：

WHILE [条件表达式] DO m;($m=1,2,3$)

……

……

……

END m;

m 只能在 1、2、3 中取值，否则出现 126 号报警。

注意：循环语句可以嵌套使用，但需注意以下几点。

① 数字 1~3 可以多次使用。

② 不能交叉执行 DO 语句，如图 4.3 所示的书写格式是错误的。

③ 嵌套层数最多 3 级。

④ 如图 4.4 所示的书写格式是正确的。

⑤ 如图 4.5 所示的书写格式是错误的。

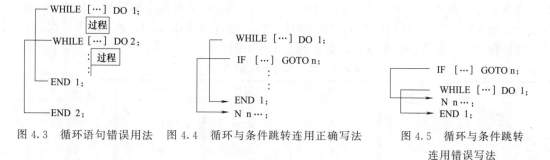

图 4.3 循环语句错误用法　　图 4.4 循环与条件跳转连用正确写法　　图 4.5 循环与条件跳转连用错误写法

其他注意事项

① 无限循环：指定了 DO m 而没有 WHILE 语句，循环将在 DO 和 END 之间无限期执行下去。

② 执行时间：程序执行 GOTO 分支语句时，要进行顺序号的搜索，所以反向执行的时间比正向执行的时间长。可以用 WHILE 语句减少处理时间。

③ 未定义的变量：在使用 EQ 或 NE 的条件表达式中，空值和零的使用结果不同。而含其他操作符的条件表达式将空值看作零。

4.1.5 宏程序的调用

可以用 G65、G66 指令调用宏程序。

宏调用和子程序调用之间的区别：

① 用 G65，可以指定一个自变量（传递给宏的数据），而 M98 没有这个功能。

② 当 M98 段含有另一个 NC 语句时（如：G01 X100.0 M98 Pp），则执行命令之后调用子程序，而 G65 无条件调用一个宏。

③ 当 M98 段含有另一个 NC 语句时（如：G01 X100.0 M98 Pp），在单段方式下机床停止，而使用 G65 时机床不停止。

④ 用 G65 局部变量的级要改变，而 M98 不改变。

G65 调用宏程序

功能：G65 被指定时，地址 P 所指定的用户宏被调用，数据（自变量）能传递到用户宏程序中。格式 G65 Pp Ll＜自变量表＞；

其中：p——要调用的程序号；l——重复的次数（缺省值为 1，取值范围 1～9999）。自变量表——传递给宏的数。

通过使用自变量表，值被分配给相应的局部变量。如图 4.6 所示例子中 ♯1＝1.0，♯2＝2.0。

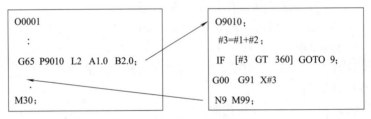

图 4.6 带参数的宏程序调用

自变量分为两类。第一类可以使用除 G、L、O、N、P 之外的字母并且只能使用一次，如表 4.8 所示。第二类可以使用 A、B、C（一次），也可以使用 I、J、K（最多十次）。自变量使用的类别根据使用的字母自动确定如表 4.9 所示。

表 4.8 第 1 类自变量与字母表

地址	变量号	地址	变量号	地址	变量号
A	♯1	I	♯4	T	♯20
B	♯2	J	♯5	U	♯21
C	♯3	K	♯6	V	♯22
D	♯7	M	♯13	W	♯23
E	♯8	Q	♯17	X	♯24
F	♯9	R	♯18	Y	♯25
H	♯11	S	♯19	Z	♯26

表 4.9 第 2 类自变量与字母对应表

地址	变量号	地址	变量号	地址	变量号
A	♯1	K3	♯12	J7	♯23
B	♯2	I4	♯13	K7	♯24
C	♯3	J4	♯14	I8	♯25
I1	♯4	K4	♯15	J8	♯26
J1	♯5	I5	♯16	K8	♯27
K1	♯6	J5	♯17	I9	♯28
I2	♯7	K5	♯18	J9	♯29
J2	♯8	I6	♯19	K9	♯30
K2	♯9	J6	♯20	I10	♯31
I3	♯10	K6	♯21	J10	♯32
J3	♯11	I7	♯22	K10	♯33

注意：

① 不需要的地址可以省略，与省略的地址相应的局部变量被置成空。

② 在实际的程序中，I、J、K 的下标不用写出来。

③ 在自变量之前一定要指定 G65。

④ 如果将两类自变量混合使用，NC 自己会辨别属于哪类，最后指定的那一类优先。

⑤ 传递的不带小数点的自变量的单位与每个地址的最小输入增量一致，其值与机床的系统结构非常一致。为了程序的兼容性，建议使用带小数点的自变量。

⑥ 最多可以嵌套含有简单调用（G65）和模调用（G66）的程序 4 级。不包括子程序调用（M98）。局部变量可以嵌套 0~4 级。主程序的级数是 0。用 G65 和 G66 每调用一次宏，局部变量的级数增加一次。上一级局部变量的值保存在 NC 中。宏程序执行到 M99 时，控制返回到调用的程序。这时局部变量的级数减 1，恢复宏调用时存储的局部变量值。

任务实施

课程任务单

实训任务 4.1		宏程序基础实训	
学习小组：	班级：		日期：
小组成员(签名)：			
任务描述(分小组完成)： 参考下图，也可自行设计其他图形，利用宏程序编写椭圆槽的刀具点位，并编制加工程序。要求每次切削深度1mm。			
任务完成情况：			

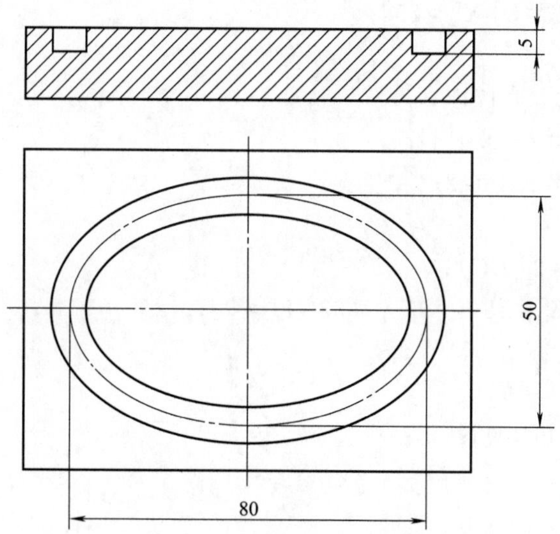

序号	姓名	任务分配	完成情况
1			
2			
3			
4			
5			

任务 2　孔和圆柱加工宏程序

相关知识

4.2.1　单刀路螺旋铣孔的程序

％
O4001；
（单刀路螺旋铣孔的程序）
（X 孔心 X 坐标 ♯24）
（Y 孔心 Y 坐标 ♯25）
（Z 孔底心 Z 坐标 ♯26）
（R 孔顶心 Z 坐标 ♯18）
（I 孔的直径 ♯4－♯4）
（D 刀具直径 ♯7）
（Q 每次切削深度 ♯17）
（F 进给速度 ♯9）
♯1＝♯5003；
♯3＝[♯4－♯7]/2；
G90 G00 X[♯24＋♯3] Y[♯25]；
Z[♯18]；
♯2＝[♯18－♯26]/♯17；
♯2＝FUP[ABS[♯2－0.01]]；
♯17＝－[♯18－♯26]/♯2；
♯33＝1；
WHILE[♯33LE♯2]DO1；
G03 I[－♯3] J0 Z[♯18＋♯17＊♯33] F[♯9]；
♯33＝♯33＋1；
END1；
G03 I[－♯3] J 0 F[♯9]；
G91 G01 X－0.1；
G90 G00 Z[♯18]；
G00 Z♯1；
G90；
M99；
％

4.2.2　多刀路螺旋铣孔的程序

％

O4002;
(多刀路螺旋铣孔的程序)
(X 孔心 X 坐标 #24)
(Y 孔心 Y 坐标 #25)
(Z 孔底心 Z 坐标 #26)
(R 孔顶心 Z 坐标 #18)
(I 孔的直径 #4)
(D 刀具直径 #7)
(Q 每次切削深度 #17)
(F 进给速度 #9)
(E 精加工余量 #8)
#4=#4-#8*2;
#2=0;
#33=#4;
IF[#4LE[#7*1.75]]GOTO1111;
#33=#7*1.75;
#1=#4-#33;
#2=#1/[1.5*#7];
#2=FUP[ABS[#2-0.01]];
#101=#1/#2;
N1111#3=0;
WHILE[#3LE#2]DO1;
#102=#33+#101*#3;
G65 P4001 X[#24] Y[#25] Z[#26] I[#102] R[#18] Q[#17] D[#7] F[#9];
#3=#3+1;
END1;
M99;
%

4.2.3 单刀路螺旋铣圆柱的程序

%
O4003;
(单刀路螺旋铣圆柱的程序)
(X 圆柱心 X 坐标 #24)
(Y 圆柱心 Y 坐标 #25)
(Z 圆柱心底 Z 坐标 #26)
(R 圆柱心顶 Z 坐标 #18)
(I 圆柱的直径 #4)
(D 刀具直径 #7)
(Q 每次切削深度 #17)

(F 进给速度 ♯9);
♯1=♯5003;
♯3=[♯4+♯7]/2;
G90 G00 X[♯24+♯3] Y[♯25];
Z[♯18];
♯2=[♯18-♯26]/♯17;
♯2=FUP[ABS[♯2-0.01]];
♯17=-[♯18-♯26]/♯2;
♯33=1;
WHILE[♯33LE♯2] DO1;
G02 I[-♯3] J0 Z[♯18+♯17*♯33] F[♯9];
♯33=♯33+1;
END1;
G02 I[-♯3] J0 F[♯9];
G90 G00 Z[♯18];
G00 Z♯1;
M99;
%

4.2.4 孔加工宏程序应用举例

如图 4.7 所示，在 100mm×100mm 的方块上进行直径不同、深度不同的孔加工，采用直径为 12mm 的铣刀加工。

其主程序可表示为：

%
O4101;
G54 G90 G21 G17 G40;
M03 S1000;
G00 X0 Y0;
Z100;
Z10;
G65 P4001 X0 Y0 Z-12 I20 R2 Q1 D12 F1000;
G65 P4002 X-25 Y25 Z-15 I25 R2 Q1 D12 E0 F1000;
G65 P4002 X25 Y25 Z-18 I30 R2 Q1 D12 E0 F1000;
G65 P4002 X25 Y-25 Z-5 I35 R2 Q1 D12 E0 F1000;
G65 P4002 X-25 Y-25 Z-8 I40 R2 Q1 D12 E0 F1000;
M05;
M30;
%

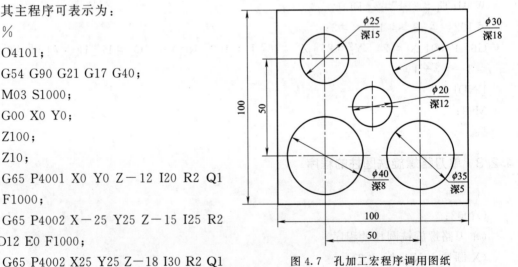

图 4.7 孔加工宏程序调用图纸

4.2.5 圆柱加工宏程序应用举例

如图 4.8 所示，在 100mm×100mm 的方块上加工如图所示圆柱台，采用直径为 12mm 的铣刀加工。

其主程序可表示为：
O4201；
G54 G90 G21 G40；
M03 S1000；
G00 X0 Y0；
Z100；
Z10；
G65 P4003 X0 Y0 Z-30 R1 I120 D12 Q1 F1000；
G65 P4003 X0 Y0 Z-30 R1 I100 D12 Q1 F1000；
G65 P4003 X0 Y0 Z-30 R1 I80 D12 Q1 F1000；
G65 P4003 X0 Y0 Z-20 R1 I60 D12 Q1 F1000；
G65 P4003 X0 Y5 Z-10 R1 I54 D12 Q1 F1000；
G65 P4003 X0 Y5 Z-10 R1 I45 D12 Q1 F1000；
G00 Z100；
M05；
M30；

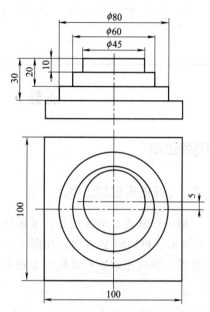

图 4.8 圆柱加工宏程序调用图纸

任务实施

课程任务单

实训任务 4.2	孔加工宏程序实训		
学习小组：	班级：		日期：
小组成员（签名）：			

任务描述（分小组完成）

参考下图，也可自行设计其他图形，按照学号计算盲孔的大小和深度，编写主程序，调用孔加工宏程序加工。要求每次切削深度 1mm。

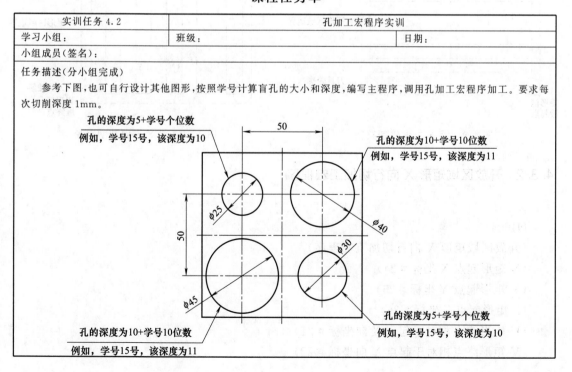

续表

任务完成情况：

序号	姓名	任务分配	完成情况
1			
2			
3			
4			
5			

任务3　开放矩形区域宏程序

相关知识

4.3.1 开放矩形加工路径

加工开放式矩形区域往往采用往复走刀的方式加工，往复走刀可以是沿 X 方向，如图 4.9 所示；可以沿 Y 方向，如图 4.10 所示。刀具从指定的矩形角点进刀，在指定的矩形终点退刀，通过指定矩形区域的起点和终点来控制切削方法。

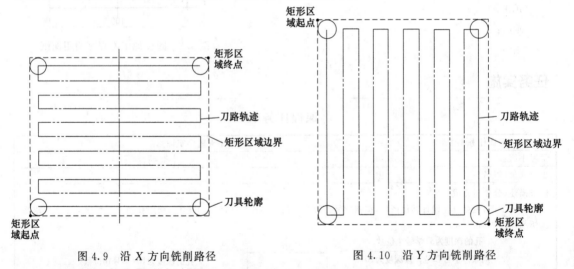

图 4.9　沿 X 方向铣削路径　　　　图 4.10　沿 Y 方向铣削路径

4.3.2 开放区域矩形 X 向行切加工宏程序

```
%
O4004;
(开放区域矩形 X 向行切加工宏程序)
(X 矩形起点 X 坐标#24)
(Y 矩形起点 Y 坐标#25)
(Z 矩形起点 Z 坐标#26)
(U 矩形终点相对于起点 X 向坐标#21)
(V 矩形终点相对于起点 Y 向坐标#22)
```

(W 矩形终点相对于起点 W 向坐标♯23)
(D 刀具直径♯7)
(Q 每层切削深度♯17)
(I 行切步距♯4)
(F 进给速度♯9)
♯1=♯5003;
IF[ABS[♯21] LT ♯7] GOTO 1100;
IF[ABS[♯22] LT ♯7] GOTO 1100;
♯33=♯21/ABS[♯21];
♯24=♯24+♯33*[♯7/2];
♯21=♯33*[ABS[♯21]-♯7];
♯33=♯22/ABS[♯22];
♯25=♯25+♯33*[♯7/2];
♯22=♯33*[ABS[♯22]-♯7];
(计算层数及每层切削深度值)
♯2=♯23/♯17;
♯2=FUP[ABS[♯2]-0.01];
♯17=♯23/♯2;
(计算行切次数及行切步距)
♯3=♯22/♯4;
♯3=FUP[ABS[♯3]-0.01];
♯3=ABS[♯3];
♯4=♯22/♯3;
(循环加工)
♯32=1;
WHILE[♯32 LE ♯2] DO 1;
G90 G00 X[♯24] Y[♯25] Z[♯26];
G01 Z[♯26+♯32*♯17] F[♯9/5];
♯32=♯32+1;
♯31=0;
♯30=♯21;
WHILE[♯31 LE ♯3] DO 2;
G90 G01 Y[♯25+♯31*♯4] F[♯9];
G91 G01 X[♯30] F[♯9];
♯31=♯31+1;
♯30=-♯30;
END 2;
G90 G01 Z[♯26] F[♯9];
G00 Z[♯1];
END 1;

N1100 G00 Z[#1];
M99;
%

4.3.3 开放区域矩形 Y 向行切加工宏程序

%
O4005;
(开放区域矩形 Y 向行切加工宏程序)
(X 矩形起点 X 坐标#24)
(Y 矩形起点 Y 坐标#25)
(Z 矩形起点 Z 坐标#26)
(U 矩形终点相对于起点 X 向坐标#21)
(V 矩形终点相对于起点 Y 向坐标#22)
(W 矩形终点相对于起点 Z 向坐标#23)
(D 刀具直径#7)
(Q 每层切削深度#17)
(I 行切步距#4)
(F 进给速度#9)
#1=#5003;
IF[ABS[#21] LT #7] GOTO 1100;
IF[ABS[#22] LT #7] GOTO 1100;
#33=#21/ABS[#21];
#24=#24+#33*[#7/2];
#21=#33*[ABS[#21]-#7];
#33=#22/ABS[#22];
#25=#25+#33*[#7/2];
#22=#33*[ABS[#22]-#7];
(计算层数及每层切削深度值)
#2=#23/#17;
#2=FUP[ABS[#2]-0.01];
#17=#23/#2;
(计算行切次数及行切步距)
#3=#21/#4;
#3=FUP[ABS[#3]-0.01];
#3=ABS[#3];
#4=#21/#3;
(循环加工)
#32=1;
WHILE [#32 LE #2] DO 1;
G90 G00 X[#24] Y[#25] Z[#26];

```
G01 Z[#26+#32*#17] F[#9/5];
#32=#32+1;
#31=0;
#30=#22;
WHILE[#31 LE #3] DO 2;
G90 G01 X[#24+#31*#4] F[#9];
G91 G01 Y[#30] F[#9];
#31=#31+1;
#30=-#30;
END 2;
G90 G01 Z[#26] F[#9];
G00 Z[#1];
END 1;
N1100 G00 Z[#1];
M99;
%
```

4.3.4 开放矩形区域加工宏程序应用实例

如图 4.11 所示，在 100mm×100mm 的方块上加工如图所示方台和圆柱，采用直径为 12mm 的铣刀加工。

其主程序可表示为：

```
%
O4103;
G54 G90 G17 G21;
M03 S1000;
G00 X0 Y0;
Z100;
Z10;
G65 P4004 X-66 Y-10 Z0 U132 V20 W-20 D12 Q1 I10 F1000;
G65 P4005 X-10 Y-66 Z0 U20 V132 W-20 D12 Q1 I8 F1000;
G65 P4003 X-30 Y30 Z-15 R1 I35 D12 Q1 F1000;
G65 P4003 X-30 Y30 Z-15 R1 I25 D12 Q1 F1000;
G65 P4003 X30 Y30 Z-15 R1 I35 D12 Q1 F1000;
G65 P4003 X30 Y-30 Z-15 R1 I35 D12 Q1 F1000;
```

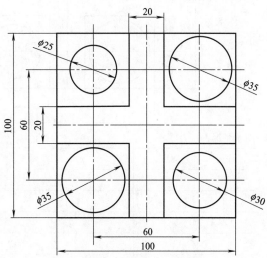

图 4.11 开放区域矩形加工图

G65 P4003 X30 Y－30 Z－15 R1 I30 D12 Q1 F1000；
G65 P4003 X30 Y－30 Z－15 R1 I35 D12 Q1 F1000；
G00 Z100；
M05；
M30；
%

任务实施

课程任务单

实训任务 4.3		开放区域矩形宏程序实训	
学习小组：	班级：		日期：
小组成员（签名）：			

任务描述（分小组完成）

参考下图，也可自行设计其他图形，根据学号计算图形尺寸并编写主程序调用合适的宏程序加工。要求每次切削深度1mm。

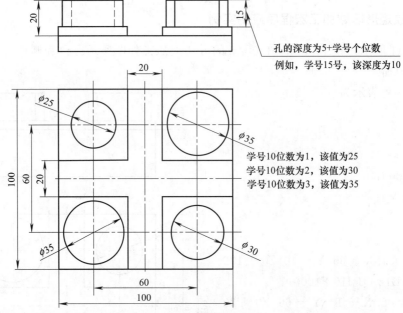

孔的深度为5+学号个位数
例如，学号15号，该深度为10

学号10位数为1，该值为25
学号10位数为2，该值为30
学号10位数为3，该值为35

任务完成情况：

序号	姓名	任务分配	完成情况
1			
2			
3			
4			
5			

任务 4　带圆弧矩形凹槽宏程序加工

相关知识

4.4.1　封闭区域螺旋进刀宏程序

```
%
O4009;
(螺旋进刀宏程序)
(X 孔心 X 坐标 #24)
(Y 孔心 Y 坐标 #25)
(Z 孔底心 Z 坐标 #26)
(R 孔顶心 Z 坐标 #18)
(I 孔的直径 #4)
(D 刀具直径 #7)
(Q 每次切削深度 #17)
(F 进给速度 #9)
#3=[#4-#7]/2;
G90 G00 X[#24+#3] Y[#25];
Z[#18];
#2=[#18-#26]/#17;
#2=FUP[ABS[#2-0.01]];
#17=-[#18-#26]/#2;
#33=1;
WHILE[#33LE#2] DO1;
G03 I[-#3] J0 Z[#18+#17*#33] F[#9];
#33=#33+1;
END1;
G03 I[-#3] J0 F[#9];
G91 G01 X-#3;
G90;
M99;
%
```

4.4.2　带圆弧矩形凹槽宏程序

```
%
O4006;
(封闭区域矩形凹陷铣削加工宏程序)
(X 矩形凹陷中心 X 坐标 #24)
(Y 矩形凹陷中心 Y 坐标 #25)
```

（Z 矩形凹陷中心顶部 Z 坐标 #26）
（W 矩形凹陷中心底部相对顶部的 Z 坐标 #23）
（A X 方向长度 #1）
（B Y 方向长度 #2）
（R 矩形圆角的大小 #18）
（C 粗精加工标志位 #3 #3=0,粗精都加工,#3=1 只精加工）
（D 刀具直径 #7）
（E 精加工余量 #8）
（Q z 向步距 #17）
（I 平面步距 #4）
（F 进给速度 #9）
（实际加工范围）
#33=#5003；
#1=#1-#8*2；
#2=#2-#8*2；
#18=#18-#8；
（判断是否能够安全螺旋进刀）
IF[#1 LT #7*1.5] GOTO 1100；
IF[#2 LT #7*1.5] GOTO 1100；
（计算分多少层）
#17=ABS[#17]；
IF[#17 LE 0] GOTO 1100；
#32=ABS[#23/#17]；
#32=ABS[FUP[#32-0.01]]；
#17=#23/#32；
（计算环切次数和环切步距）
IF[#18 LE [#7/2]] THEN #18=#7/2；
#31=0；
#29=#4；
IF[#18 LE #7] GOTO 1110；
#31=[#18-#7]/#4；
#31=ABS[FUP[#31-0.01]]；
#29=[#18-#7]/#31；
N1110 IF[#3 GT 0] THEN #31=0；
#31=#31+1；
WHILE[#32 GT 0]DO1；
#32=#32-1；
（螺旋下刀）
G00 X[#24] Y[#25-#2/2+3*#7/4]；
Z[#26]；
G65 P4009 X[#24] Y[#25-#2/2+3*#7/4] Z[#26+#23-#17*#32] R[#26] I[#7*1.5] D[#7] Q[#17/2] F[#9]；

（环切循环）
#27=#31;
WHILE[#27 GT 0]DO2;
#30=[#27-1]*#29+#7/2;
#21=[#1-#30*2]/2;
#22=[#2-#30*2]/2;
#28=#18-#30;
G01 X[#24] Y[#25-#22] F[#9];
X[#24+#21],R[#28];
Y[#25+#22],R[#28];
X[#24-#21],R[#28];
Y[#25-#22],R[#28];
X[#24];
#27=#27-1;
END2;
（行切循环）
IF[#3 GT 0]GOTO1120;
（计算行切范围、次数、步距）
#21=#1-#18*2;
#22=#2-#18*2;
#5=#22/#4;
#5=ABS[FUP[#5-0.01]];
#27=#22/#5;
G01 X[#24-#21/2] Y[#25-#22/2] F[#9];
WHILE[#5 GE 0]DO3;
G91 G01 X[#21] F[#9];
#21=-#21;
#5=#5-1;
IF[#5 LT 0]GOTO1120;
G91 G01 Y[#27] F[#9];
END3;
N1120 G90 G01 Z[#26] F[#9];
G00 Z[#33];
END1;
N1100 G00 Z[#33];
M99;
%

4.4.3 带圆弧矩形凹槽宏程序应用举例

如图 4.12 所示，在 100mm×100mm 的方块上加工如图所示矩形凹槽，采用直径为 12mm 的铣刀加工。

加工主程序如下：

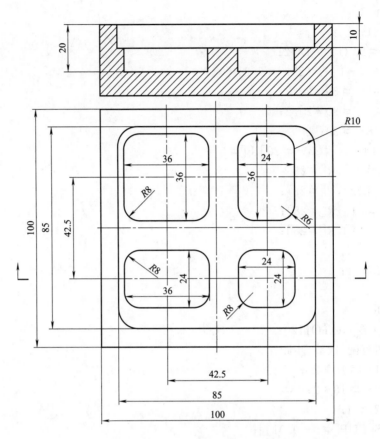

图 4.12 矩形凹槽宏程序加工图

```
%
O4010;
G54 G90 G21 G17;
M03 S1000;
G00 X0 Y0;
Z100;
Z10;
G65 P4006 X0 Y0 Z0 A80 B80 W-5 R10 C0 D12 E0 Q1 I8 F1000;
G65 P4006 X-20 Y20 Z-5 A30 B30 W-5 R6 C0 D12 E0 Q1 I8 F1000;
G65 P4006 X20 Y20 Z-5 A20 B30 W-5 R6 C0 D12 E0 Q1 I8 F1000;
G65 P4006 X20 Y-20 Z-5 A30 B30 W-5 R6 C0 D12 E0 Q1 I8 F1000;
G65 P4006 X-20 Y-20 Z-5 A20 B20 W-5 R6 C0 D12 E0 Q1 I8 F1000;
G00 Z100;
M05;
M30;
%
```

模拟运行后结果如图 4.13 所示。

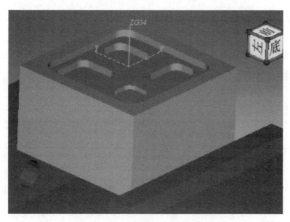

图 4.13 模拟运行结果

任务实施

课程任务单

实训任务 4.4	矩形凹槽宏程序加工实训	
学习小组：	班级：	日期：
小组成员(签名)：		

任务描述(分小组完成)

参考下图,也可自行设计其他图形,根据学号计算图形尺寸并编写主程序调用合适的宏程序加工。要求每次切削深度1mm。

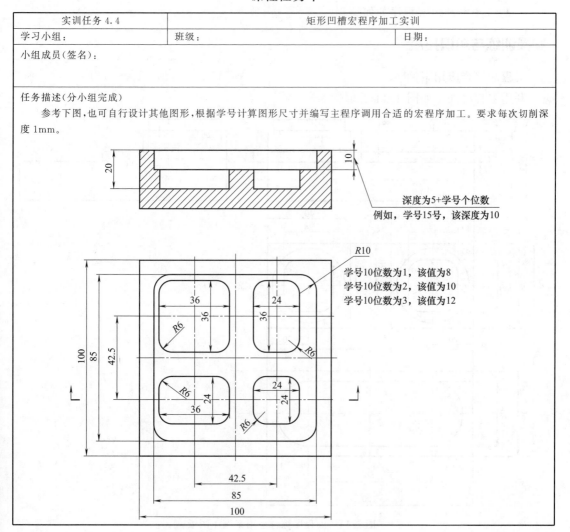

深度为5+学号个位数
例如,学号15号,该深度为10

R10
学号10位数为1,该值为8
学号10位数为2,该值为10
学号10位数为3,该值为12

续表

任务完成情况：			
序号	姓名	任务分配	完成情况
1			
2			
3			
4			
5			

思 考 题

1. 简述 FANUC 系统中 G65 的用法。
2. 如何通过程序实时改变刀补？
3. 简述圆孔、圆柱、矩形区域宏程序调用方法。
4. 想一想 45°倒角宏程序如何编程？
5. 想一想倒圆角宏程序如何编程？

实操训练与知识拓展

宏程序综合应用案例 1。

利用宏程序加工如图 4.14 所示。

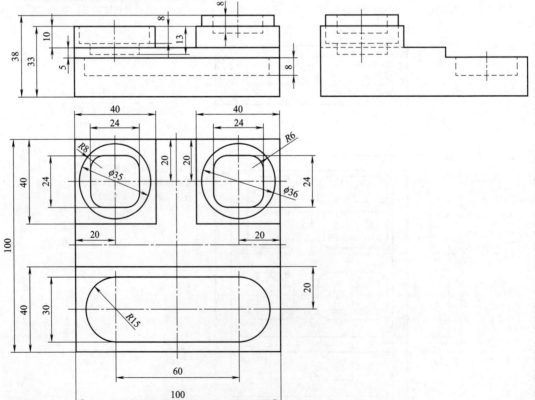

图 4.14 宏程序综合应用案例 1 图纸

加工程序

%

O4013;

G54 G90 G17 G21;

M03 S1000;

G00 X0 Y0;

Z100;

Z10;

G65 P4004 X－65 Y－55 Z0 U130 V65 W－15 D12 Q1 I8 F1000;

G65 P4004 X－65 Y－55 Z－15 U130 V45 W－5 D12 Q1 I8 F1000;

G65 P4005 X－60 Y65 Z0 U65 V－70 W－5 D12 Q1 I8 F1000;

G65 P4005 X－10 Y65 Z－5 U20 V－70 W－10 D12 Q1 I8 F1000;

G65 P4002 X－30 Y30 Z－13 R－5 D12 Q1 I35 E0 F1000;

G65 P4006 X－30 Y30 Z－13 W－5 A24 B24 R6 C0 D12 E0 Q1 I8 F1000;

G65 P4003 X30 Y30 Z－5 R1 I35 D12 Q1 F1000;

G65 P4006 X30 Y30 Z0 W－8 A24 B24 R6 C0 D12 E0 Q1 I8 F1000;

G65 P4006 X0 Y－30 Z－20 W－8 A90 B30 R15 C0 D12 E0 Q1 I8 F1000;

Z100;

M05;

M30;

%

加工结果如图 4.15 所示。

宏程序综合应用案例 2。

利用宏程序加工如图 4.16 所示，圆倒角请同学自己完成，孔下一章节加工。

正面加工主程序:

%

O4011;

G54 G90 G21 G17;

M03 S1000;

G00 X0 Y0;

Z100;

Z10;

G65 P4002 X－27 Y28 Z－10.05 R1 I16 D10 E0 Q1 F300;

G65 P4002 X27 Y28 Z－10.05 R1 I16 D10 E0 Q1 F300;

G65 P4006 X0 Y42 Z1 W－11 A60 B34 R5 C0 D10 E0 Q1 I7 F1000;

G65 P4004 X－72 Y0 Z1 U144 V14 W－13.5 D10 Q1 I7 F1000;

G65 P4005 X－25 Y－62 Z1 U50 V72 W－13.5 D10 Q1 I7 F1000;

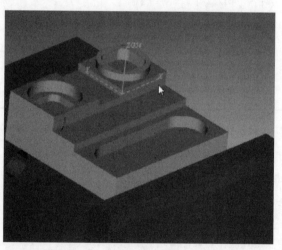

图 4.15 宏程序综合应用案例 1 加工结果

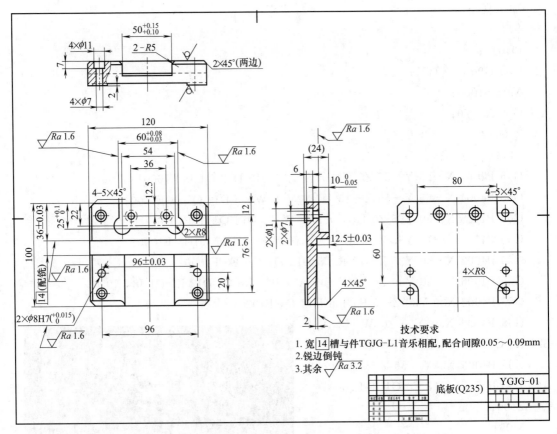

图4.16 宏程序综合应用案例2图纸

G00 Z100;
M05;
M30;
%

运行结果如图4.17所示。

背面加工主程序：
%
O4010;
G54 G90 G21 G17;
M03 S1000;
G00 X0 Y0;
Z100;
Z10;
G65 P4004 X-72 Y-30 Z1 U144 V60 W-3 D10 Q1 I7 F1000;
G65 P4005 X-40 Y-62 Z1 U80 V124 W-3 D10 Q1 I7 F1000;
G00 Z100;
M05;
M30;

%

运行结果如图 4.18 所示。

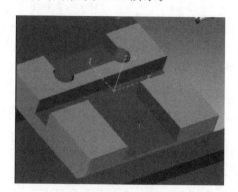

图 4.17 宏程序综合应用
案例 2 正面加工结果

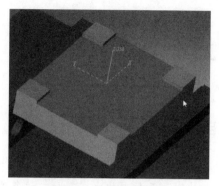

图 4.18 宏程序综合应用
案例 2 背面加工结果

项目 5

孔系零件加工

项目导入

孔加工的难点

与外圆表面加工相比，孔加工的条件要差得多，加工孔要比加工外圆困难得多：①孔加工所用刀具的尺寸受被加工孔尺寸的限制，刚性差，容易产生弯曲变形和振动；②用定尺寸刀具加工孔时，孔加工的尺寸往往直接取决于刀具的相应尺寸，刀具的制造误差和磨损将直接影响孔的加工精度；③加工孔时，切削区在工件内部，排屑及散热条件差，加工精度和表面质量都不易控制。为了保证孔的位置精度和尺寸精度，往往需要打中心孔—>钻孔—>扩孔—>铰孔（或镗孔）等多道工序才能加工完成，数控加工中心有自动换刀功能，定位精度高，能提高工厂的生产效率，降低生产成本。如图 5.1 所示为孔加工机床和工具。

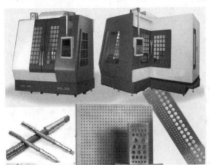

图 5.1 孔加工机床和工具

■ 知识目标

1. 掌握钻、扩、铰、镗数控编程方法；
2. 掌握镗、攻螺纹数控编程方法；
3. 掌握攻螺纹刀柄的使用方法；
4. 熟练编程并加工有通孔、盲孔和螺孔的零件；
5. 孔加工循环指令及使用，刀具运动路线，指令格式，返回方式，孔加工刀具选择；
6. 熟练掌握铣削用量，孔系加工方法，子程序应用，螺纹加工指令，孔的尺寸测量；
7. 初步掌握孔系加工夹具的选用。

技能目标

1. 能够利用机床固定循环编写简单孔系零件加工程序；
2. 能够根据刀具和工件材料选择合适切削用量；
3. 能够合理地使用夹具，保证加工精度。

任务 1 钻孔、铰孔、镗孔加工

相关知识

5.1.1 常见孔加工工艺

常见的加工方法包括钻孔、扩孔、铰孔、镗孔等。利用不同的加工方法,可以得到不同精度孔的表面,如表 5.1 所示。

表 5.1 常见孔加工方法及精度等级

序号	加工方案	精度等级	表面粗糙度 Ra	适用范围
1	钻	11~13	50~12.5	加工未淬火钢及铸铁的实心毛坯,也可用于加工有色金属(但粗糙度较差)。孔径<15mm~20mm
2	钻—铰	9	3.2~1.6	
3	钻—粗铰(扩)—精钻	7~8	1.6~0.8	
4	钻—扩	11	6.3~3.2	同上,单孔径>15mm~20mm
5	钻—扩—铰	8~9	1.6~0.8	
6	钻—扩—粗铰—精铰	7	0.8~0.4	
7	粗镗(扩孔)	11~13	6.3~3.2	除淬火钢外,各种材料毛坯已有铸出孔或锻出孔
8	粗镗(扩孔)—半精镗(精扩)	8~9	3.2~1.6	
9	粗镗(扩)—半精镗(精扩)—精镗	6~7	1.6~0.8	

(1) 钻孔

钻孔是在实心材料上加工孔的第一道工序,钻孔直径一般小于 80mm。钻孔加工有两种方式:一种是钻头旋转;另一种是工件旋转。这两种钻孔方式产生的误差是不相同的,在钻头旋转的钻孔方式中,由于切削刃不对称和钻头刚性不足而使钻头引偏时,被加工孔的中心线会发生偏斜或不直,但孔径基本不变;而在工件旋转的钻孔方式中则相反,钻头引偏会引起孔径变化,而孔中心线仍然是直的。常用的钻孔刀具有:麻花钻、中心钻、深孔钻等,其中最常用的是麻花钻,其直径规格为 $\phi 0.1$~80mm。由于构造上的限制,钻头的弯曲刚度和扭转刚度均较低,加之定心性不好,钻孔加工的精度较低,一般只能达到 IT13~IT11;表面粗糙度也较大,Ra 一般为 50~12.5μm;但钻孔的金属切除率大,切削效率高。钻孔主要用于加工质量要求不高的孔,例如螺栓孔、螺纹底孔、油孔等。对于加工精度和表面质量要求较高的孔,则应在后续加工中通过扩孔、铰孔、镗孔或磨孔来达到。

为了保证孔的位置精度,常常在钻孔前钻中心孔,常用的工具是定心钻,如图 5.2 所示,其转速一般为 1000~1500r/min,进给 30~50mm/min。

麻花钻是一种形状较复杂的双刃钻孔或扩孔的标准刀具,如图 5.3 所示,一般用于孔的粗加工,也可用于加工螺纹孔、铰孔、拉孔、镗孔、磨孔的预制孔,一般的麻花钻材料为高速钢,其切削速度为 10~30m/min,进给每齿 0.03~0.1mm/r,跟钻头的大小有关系。

(2) 扩孔

如图 5.4 所示,扩孔是用扩孔钻对已经钻出、铸出或锻出的孔作进一步加工,以扩大孔径并提高孔的加工质量,扩孔加工既可以作为精加工孔前的预加工,也可以作为要求不高的

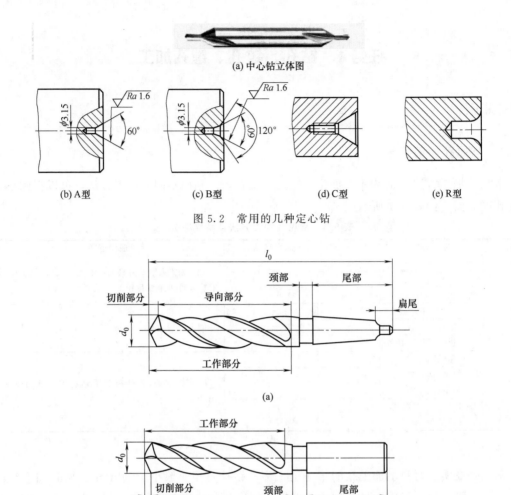

图 5.2 常用的几种定心钻

图 5.3 麻花钻

孔的最终加工。扩孔钻与麻花钻相似,但刀齿数较多,没有横刃,如图 5.5 所示。

与钻孔相比,扩孔具有下列特点:①扩孔钻齿数多(3～8个齿)、导向性好,切削比较稳定;②扩孔钻没有横刃,切削条件好;③加工余量较小,容屑槽可以做得浅些,钻芯可以做得粗些,刀体强度和刚性较好。扩孔加工的精度一般为 IT11～IT10 级,表面粗糙度 Ra

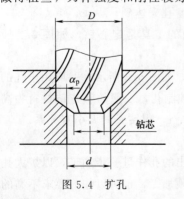

图 5.4 扩孔

为 12.5～6.3μm。扩孔常用于加工直径小于 30mm 的孔。在钻直径较大的孔时($D \geqslant 30$mm),常先用小钻头(直径为孔径的 0.5～0.7 倍)预钻孔,然后再用相应尺寸的扩孔钻扩孔,这样可以提高孔的加工质量和生产效率。

切削速度为钻孔时的一半,进给约为钻孔时的 1.5～2 倍。

扩孔除了可以加工圆柱孔之外,还可以用各种特殊形状的扩孔钻(亦称锪钻)来加工各种沉头座孔和锪平端面。锪钻的前端常带有导向柱,用已加工孔导向。

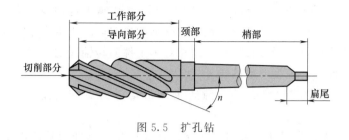

图 5.5 扩孔钻

(3) 铰孔

铰孔是孔的精加工方法之一,在生产中应用很广。对于较小的孔,相对于内圆磨削及精镗而言,铰孔是一种较为经济实用的加工方法。

铰刀一般分为手用铰刀及机用铰刀两种。手用铰刀柄部为直柄,工作部分较长,导向作用较好,手用铰刀有整体式和外径可调整式两种结构。机用铰刀有带柄的和套式的两种结构。铰刀不仅可加工圆形孔,也可用锥度铰刀加工锥孔,如图 5.6 所示。

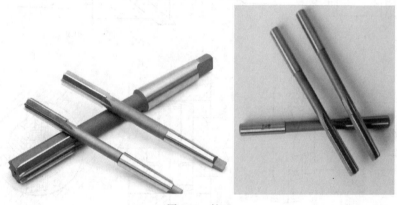

图 5.6 铰刀

铰孔余量对铰孔质量的影响很大,余量太大,铰刀的负荷大,切削刃很快被磨钝,不易获得光洁的加工表面,尺寸公差也不易保证;余量太小,不能去掉上工序留下的刀痕,自然也就没有改善孔加工质量的作用。一般粗铰余量取为 $0.35\sim0.15$ mm,精铰取为 $0.15\sim0.05$ mm。

为避免产生积屑瘤,铰孔通常采用较低的切削速度(高速钢铰刀加工钢和铸铁时,$v<8$ m/min)进行加工。进给量的取值与被加工孔径有关,孔径越大,进给量取值越大,高速钢铰刀加工钢和铸铁时进给量常取为 $0.3\sim1$ mm/r。铰孔时必须用适当的切削液进行冷却、润滑和清洗,以防止产生积屑瘤并及时清除切屑。与磨孔和镗孔相比,铰孔生产率高,容易保证孔的精度;但铰孔不能校正孔轴线的位置误差,孔的位置精度应由前工序保证。铰孔不宜加工阶梯孔和盲孔。

铰孔尺寸精度一般为 IT9~IT7 级,表面粗糙度 Ra 一般为 $3.2\sim0.8\mu$m。对于中等尺寸、精度要求较高的孔(例如 IT7 级精度孔),钻—扩—铰工艺是生产中常用的典型加工方案。

(4) 镗孔

镗孔是在预制孔上用切削刀具使之扩大的一种加工方法,镗孔工作既可以在镗床上进行,也可以在车床上进行。镗孔有三种不同的加工方式。

① 工件旋转。刀具作进给运动，在车床上镗孔大都属于这种镗孔方式。工艺特点是：加工后孔的轴心线与工件的回转轴线一致，孔的圆度主要取决于机床主轴的回转精度，孔的轴向几何形状误差主要取决于刀具进给方向相对于工件回转轴线的位置精度。这种镗孔方式适于加工与外圆表面有同轴度要求的孔。

② 刀具旋转。工件作进给运动，镗床主轴带动镗刀旋转，工作台带动工件作进给运动。

③ 刀具旋转并作进给运动。采用这种镗孔方式镗孔，镗杆的悬伸长度是变化的，镗杆的受力、变形也是变化的，靠近主轴箱处的孔径大，远离主轴箱处的孔径小，形成锥孔。此外，镗杆悬伸长度增大，主轴因自重引起的弯曲变形也增大，被加工孔轴线将产生相应的弯曲。这种镗孔方式只适于加工较短的孔。

如图 5.7 所示镗刀可分为单刃镗刀和双刃镗刀。

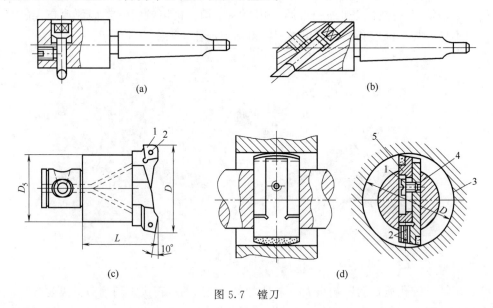

图 5.7 镗刀

镗孔的工艺特点及应用范围：

① 镗孔和钻—扩—铰工艺相比，孔径尺寸不受刀具尺寸的限制，且镗孔具有较强的误差修正能力，可通过多次走刀来修正原孔轴线偏斜误差，而且能使所镗孔与定位表面保持较高的位置精度。

② 镗孔和车外圆相比，由于刀杆系统的刚性差、变形大，散热排屑条件不好，工件和刀具的热变形比较大，镗孔的加工质量和生产效率都不如车外圆高。

③ 对于孔径较大、尺寸和位置精度要求较高的孔和孔系，镗孔几乎是唯一的加工方法。镗孔的加工精度为 IT9～IT7 级。

④ 镗孔可以在镗床、车床、铣床等机床上进行，具有机动灵活的优点，生产中应用十分广泛。在大批大量生产中，为提高镗孔效率，常使用镗模。

5.1.2 数控铣孔加工固定循环

应用孔加工固定循环功能，使得其他方法需要几个程序段完成的功能在一个程序段内完成。表 5.2 孔加工固定循环列出了所有的孔加工固定循环。

表 5.2 孔加工固定循环

G 代码	加工运动(Z 轴负向)	孔底动作	返回运动(Z 轴正向)	应用
G73	分次,切削进给	——	快速定位进给	高速深孔钻削
G74	切削进给	暂停—主轴正转	切削进给	左螺纹攻螺纹
G76	切削进给	主轴定向,让刀	快速定位进给	精镗循环
G80	——	——	——	取消固定循环
G81	切削进给	——	快速定位进给	普通钻削循环
G82	切削进给	暂停	快速定位进给	钻削或粗镗
G83	分次,切削进给	——	快速定位进给	深孔钻削循环
G84	切削进给	暂停—主轴反转	切削进给	右螺纹攻螺纹
G85	切削进给	——	切削进给	镗削循环
G86	切削进给	主轴停	快速定位进给	镗削循环
G87	切削进给	主轴正转	快速定位进给	反镗削循环
G88	切削进给	暂停—主轴停	手动	镗削循环
G89	切削进给	暂停	切削进给	镗削循环

(1) 固定循环的动作

一般地,一个孔加工固定循环需完成以下 6 步操作(见图 5.8):

① X、Y 轴快速定位;
② Z 轴快速定位到 R 点;
③ 孔加工;
④ 孔底动作;
⑤ Z 轴返回 R 点;
⑥ Z 轴快速返回初始点。

(2) 固定循环编程格式

$$G73 \sim G89\ X\_\ Y\_\ Z\_\ R\_\ Q\_\ P\_\ F\_\ K\_;$$

X、Y:孔在 XY 平面内的位置;

Z:孔底平面的位置;

R:R 点平面所在位置;

Q:G73 和 G83 深孔加工指令中刀具每次加工深度或 G76 和 G87 精镗孔指令中主轴准停后刀具沿准停反方向的让刀量;

P:指定刀具在孔底的暂停时间(ms);

F:孔加工切削进给时的进给速度;

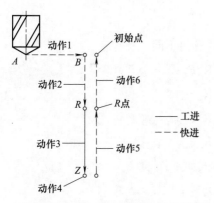

图 5.8 孔加工固定循环加工步骤

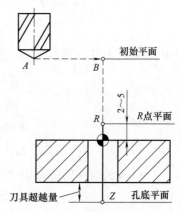

图 5.9 固定循环的平面设置

K：孔加工循环的次数，该参数仅在增量编程中使用。

(3) 固定循环的平面

如图 5.9 所示固定循环的平面有初始平面、R 平面及孔底平面。

(4) G98 与 G99 方式

如图 5.10 所示，G98：返回初始平面；G99：返回 R 点平面。

(5) G90 与 G91 方式

如图 5.11 所示，G90：通过绝对坐标指定相关参数；G91：通过相对坐标指定相关参数。

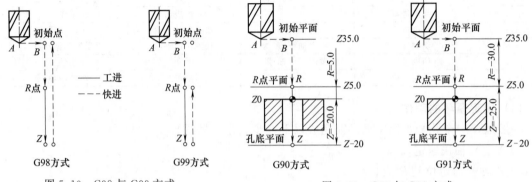

图 5.10　G98 与 G99 方式　　　　图 5.11　G90 与 G91 方式

(6) 固定循环指令 G81、G82、G83、G73

① G81、G82 指令的动作如图 5.12 所示，其指令格式如下：

$$G81\ X\_Y\_Z\_R\_F\_;$$
$$G82\ X\_Y\_Z\_R\_P\_F\_;$$

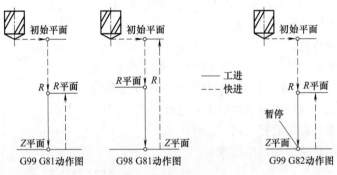

图 5.12　钻孔循环指令

在机床上分别练习如下命令，查看机床运行方式有何不同。

$$G98\ G81\ X\_Y\_Z\_R\_F\_;$$
$$G99\ G81\ X\_Y\_Z\_R\_F\_;$$
$$G98\ G82\ X\_Y\_Z\_R\_F\_;$$
$$G99\ G82\ X\_Y\_Z\_R\_F\_;$$

② G73、G83 的动作如图 5.13 所示，其指令格式如下：

$$G73\ X\_Y\_Z\_R\_Q\_F\_;$$
$$G83\ X\_Y\_Z\_R\_Q\_F\_;$$

在机床上练习如下命令，查看机床运行方式有何不同。

G73 X_Y_Z_R_Q_F_；

G83 X_Y_Z_R_Q_F_；

(7) 铰孔镗孔循环 G85

G85 指令动作如图 5.14 所示，其指令格式如下：

G85_X_Y_Z_R_F_；

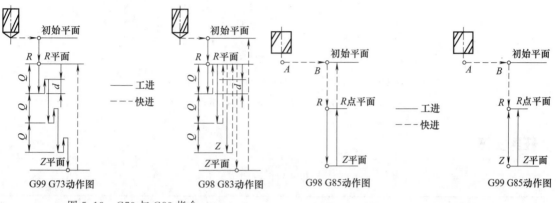

图 5.13　G73 与 G83 指令　　　　　图 5.14　G85 铰孔镗孔指令

在机床上分别练习如下命令，查看机床运行方式有何不同。

G98 G85 X_Y_Z_R_F_；

G99 G85 X_Y_Z_R_F_；

(8) 粗镗孔循环 G86、G88 和 G89

G86、G88、G89 指令的动作如图 5.15 所示，其指令格式如下：

G86 X_Y_Z_R_P_F_；

G88 X_Y_Z_R_P_F_；

G89 X_Y_Z_R_P_F_；

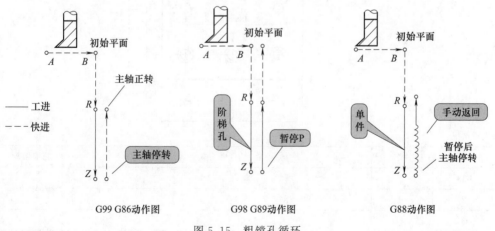

图 5.15　粗镗孔循环

(9) 精镗孔循环 G76 与反镗孔循环 G87

G76、G87 指令的动作如图 5.16 所示，其指令格式如下：

G76 X_Y_Z_R_Q_P_F_；

G87 X_Y_Z_R_Q_F_；

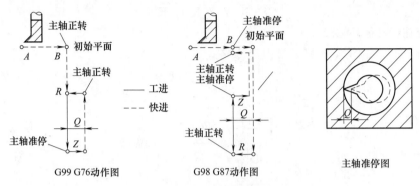

图 5.16 精镗孔与反镗孔循环

任务实施

课程任务单

实训任务 5.1		钻孔固定循环实训	
学习小组：	班级：		日期：
小组成员（签名）：			

任务描述（分小组完成）

参考下图，也可自行设计其他图形，利用合适的刀具，调用机床的固定循环编制加工程序。

$6×\phi 7$
⌴$\phi 11 \downarrow 5$
$2×\phi 7_{0}^{0.015}$
Ra 1.6
$66_{-0.03}^{+0.03}$
66
100
66
100

任务完成情况：

序号	姓名	任务分配	完成情况
1			
2			
3			
4			
5			

任务 2　攻螺纹加工

相关知识

5.2.1　螺纹加工基础知识

(1) 螺纹分类

螺纹分类大体的分类如图 5.17 所示，具体分为：

① 按牙型可分为三角形、梯形、矩形、锯齿形和圆弧螺纹；
② 按螺纹旋向可分为左旋和右旋；
③ 按螺旋线条数可分为单线和多线；
④ 按螺纹母体形状分为圆柱和圆锥等。

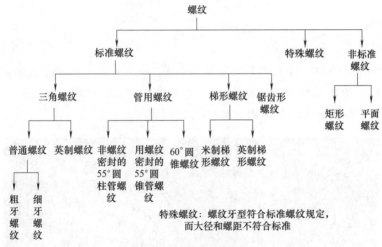

图 5.17　螺纹的种类

(2) 螺纹五要素

螺纹五要素包括：牙型、公称直径、线数、螺距（或导程）、旋向。

① 牙型。在通过螺纹轴线的剖面区域上，螺纹的轮廓形状称为牙型。有三角形、梯形、锯齿形、圆弧和矩形等牙型，如表 5.3 所示。

表 5.3　螺纹牙型

矩形螺纹	三角形螺纹M	梯形螺纹Tr	锯齿形螺纹B
	30°	15°	30° / 3°

② 公称直径。如图 5.18 所示，螺纹有大径（d、D）、中径（d_2、D_2）、小径（d_1、D_1），在表示螺纹时采用的是公称直径，公称直径是代表螺纹尺寸的直径。

普通螺纹的公称直径就是大径。

③ 线数。沿一条螺旋线形成的螺纹称为单线螺纹，沿轴向等距分布的两条或两条以上的螺旋线形成的螺纹称为多线螺纹，如图 5.19 所示。

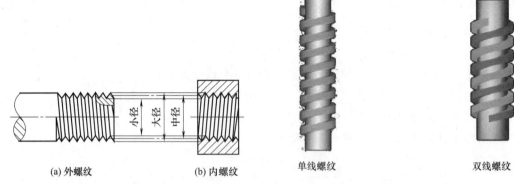

图 5.18　螺纹大、中、小径　　　　图 5.19　单线螺纹和双线螺纹

④ 螺距和导程。螺距（P）是相邻两牙在中径线上对应两点间的轴向距离。导程（P_h）是同一条螺旋线上的相邻两牙在中径线上对应两点间的轴向距离。单线螺纹时，导程＝螺距；多线螺纹时，导程＝螺距×线数，如图 5.20 所示。

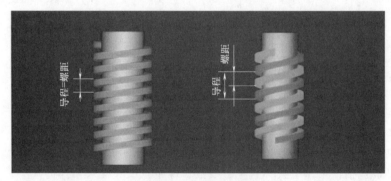

图 5.20　螺距与导程

⑤ 旋向。如图 5.21 所示，顺时针旋转时旋入的螺纹称为右旋螺纹，逆时针旋转时旋入的螺纹称为左旋螺纹。

图 5.21　左旋螺纹与右旋螺纹

(3) 攻螺纹

攻螺纹：用丝锥在孔中加工出内螺纹的加工方法，称为攻螺纹。

螺纹底孔直径的计算公式：根据材料的塑性大小来考虑。

对于钢件和塑性大的材料：

$$D_{孔}=D-P$$

式中　$D_{孔}$——螺纹底孔钻头直径；

　　　D——内螺纹大径；

　　　P——螺距。

例：我们要在钢件上攻 M10×1.5 螺纹，计算底孔直径是多少？

根据公式 $D_{孔}=D-P=10-1.5=8.5$ mm

对于铸铁和塑性小的材料：$D_{孔}=D-(1.05\sim1.1)P$

例：我们要在铸铁上攻 M10×1.5 螺纹时的底孔直径是多少？

根据公式 $D_{孔}=D-(1.05\sim1.1)\times1.5=(8.35\sim8.42)$ mm

5.2.2 刚性攻螺纹编程

(1) 左旋螺纹攻螺纹与右旋螺纹攻螺纹循环

刚性攻螺纹指令 G74、G84 的动作如图 5.22 所示，其指令格式如下：

G84 X_Y_Z_R_P_F_；（右旋螺纹攻螺纹）

G74 X_Y_Z_R_P_F_；（左旋螺纹攻螺纹）

在攻螺纹循环 G84 或反攻螺纹循环 G74 的前一程序段指令 M29 Sxxxx；则机床进入刚性攻螺纹模式。NC 执行到该指令时，主轴停止，然后主轴正转指示灯亮，表示进入刚性攻螺纹模式，其后的 G74 或 G84 循环被称为刚性攻螺纹循环，由于刚性攻螺纹循环中，主轴转速和 Z 轴的进给严格成比例同步，因此可以使用刚性夹持的丝锥进行螺纹孔的加工，并且还可以提高螺纹孔的加工速度，提高加工效率。

① 使用 G80 和 01 组 G 代码都可以解除刚性攻螺纹模式，另外复位操作也可以解除刚性攻螺纹模式。

② 使用刚性攻螺纹循环需注意以下事项：

a. G74 或 G84 中指令的 F 值与 M29 程序段中指令的 S 值的比值（F/S）即为螺纹孔的螺距值。

b. Sxxxx 必须小于 0617 号参数指定的值，否则执行固定循环指令时出现编程报警。

c. F 值必须小于切削进给的上限值 4000mm/min，即参数 0527 的规定值，否则出现编程报警。

d. 在 M29 指令和固定循环的 G 指令之间不能有 S 指令或任何坐标运动指令。

e. 不能在攻螺纹循环模式下指令 M29。

f. 不能在取消刚性攻螺纹模式后的第一个程序段中执行 S 指令。

g. 不要在试运行状态下执行刚性攻螺纹指令。

(2) 进给指定

$$进给量\ f\ 模式指定 \begin{cases} G94\ 模式:f=导程\times转速 \\ G95\ 模式:f=导程 \end{cases}$$

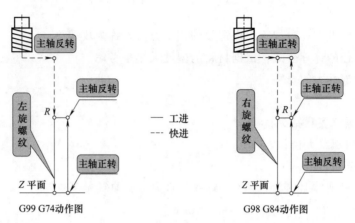

图 5.22　刚性攻螺纹动作示意图

(3) 不通孔螺纹底孔长度的确定

$$H_{钻} = h_{有效} + 0.7D$$

(4) 螺纹轴向起点和终点尺寸的确定

如图 5.23 所示，螺纹必须正确的设定起点和终点，设置方法如下：

$$\begin{cases} 导入距离 \delta_1：取 2\sim 3P； \\ 导出距离 \delta_2 \begin{cases} 不通孔：取 1\sim 2P； \\ 通孔：考虑丝锥前端切削锥角的长度。 \end{cases} \end{cases}$$

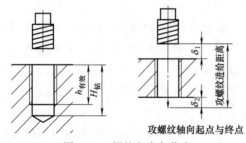

图 5.23　螺纹起点与终点

5.2.3　使用孔加工固定循环的注意事项

① 编程时需注意在固定循环指令之前，必须先使用 S 和 M 代码指令主轴旋转。

② 在固定循环模态下，包含 X、Y、Z、A、R 的程序段将执行固定循环，如果一个程序段不包含上列的任何一个地址，则在该程序段中将不执行固定循环，G04 中的地址 X 除外。另外，G04 中的地址 P 不会改变孔加工参数中的 P 值。

③ 孔加工参数 Q、P 必须在固定循环被执行的程序段中被指定，否则指令的 Q、P 值无效。

④ 在执行含有主轴控制的固定循环（如 G74、G76、G84 等）过程中，刀具开始切削进给时，主轴有可能还没有达到指令转速。这种情况下，需要在孔加工操作之间加入 G04 暂停指令。

⑤ 01 组的 G 代码也起到取消固定循环的作用，所以请不要将固定循环指令和 01 组的 G 代码写在同一程序段中。

⑥ 如果执行固定循环的程序段中指令了一个 M 代码，M 代码将在固定循环执行定位时被同时执行，M 指令执行完毕的信号在 Z 轴返回 R 点或初始点后被发出。使用 K 参数指令重复执行固定循环时，同一程序段中的 M 代码在首次执行固定循环时被执行。

⑦ 在固定循环模态下，刀具偏置指令 G45～G48 将被忽略（不执行）。

⑧ 单程序段开关置上位时，固定循环执行完 X、Y 轴定位、快速进给到 R 点及从

孔底返回（到 R 点或到初始点）后，都会停止。也就是说需要按循环起动按钮 3 次才能完成一个孔的加工。3 次停止中，前面的两次是处于进给保持状态，后面的一次是处于停止状态。

⑨ 执行 G74 和 G84 循环时，Z 轴从 R 点到 Z 点和 Z 点到 R 点两步操作之间如果按进给保持按钮的话，进给保持指示灯立即会亮，但机床的动作却不会立即停止，直到 Z 轴返回 R 点后才进入进给保持状态。另外 G74 和 G84 循环中，进给倍率开关无效，进给倍率被固定在 100%。

任务实施

课程任务单

实训任务 5.2		刚性攻螺纹循环实训	
学习小组：	班级：		日期：
小组成员（签名）：			

任务描述（分小组完成）

　　参考下图，也可自行设计其他图形，利用合适的刀具，调用机床的固定循环编制加工程序，利用机床刚性攻螺纹功能加工螺纹孔。

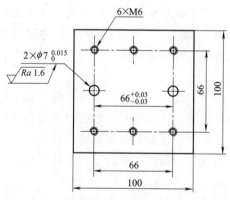

任务完成情况：

序号	姓名	任务分配	完成情况
1			
2			
3			
4			
5			

任务 3　铣螺纹加工

相关知识

5.3.1　铣螺纹的优势

众所周知，螺纹铣削具有加工效率高、螺纹的质量高、刀具通用性好、加工安全性好等诸多优点。在实际生产应用中，得到了很好的加工效果。

(1) 加工线速度高

由于目前螺纹铣刀的制造材料为硬质合金，加工线速度可达 80～200m/min，而高速钢丝锥的加工线速度仅为 10～30m/min，故螺纹铣刀适合高速切削，加工螺纹的表面光洁度也大幅提高。高硬度材料和高温合金材料，如钛合金、镍基合金的螺纹加工一直是一个比较困难的问题，主要是因为高速钢丝锥加工上述材料螺纹时，刀具寿命较短，而采用硬质合金螺纹铣刀对硬材料螺纹加工则是效果比较理想的解决方案，可加工硬度为 58～62HRC。对高温合金材料的螺纹加工，螺纹铣刀同样显示出非常优异的加工性能和超乎预期的长寿命。对于相同螺距、不同直径的螺纹孔，采用丝锥加工需要多把刀具才能完成，但如采用螺纹铣刀加工，使用一把刀具即可。在丝锥磨损、加工螺纹尺寸小于公差后则无法继续使用，只能报废；而当螺纹铣刀磨损、加工螺纹孔尺寸小于公差时，通过数控系统进行必要的刀具半径补偿调整后，就可继续加工出尺寸合格的螺纹。

(2) 小直径螺纹加工

同样，为了获得高精度的螺纹孔，采用螺纹铣刀调整刀具半径的方法，比生产高精度丝锥要容易得多。对于小直径螺纹加工，特别是高硬度材料和高温材料的螺纹加工中，丝锥有时会折断，堵塞螺纹孔，甚至使零件报废；采用螺纹铣刀，由于刀具直径比加工的孔小，即使折断也不会堵塞螺纹孔，非常容易取出，不会导致零件报废。

(3) 机床负荷低

采用螺纹铣削，与丝锥相比，刀具切削力大幅降低，这一点对大直径螺纹加工时，尤为重要，解决了机床负荷太大，无法驱动丝锥正常加工的问题。机夹刀片式螺纹铣刀十年前就已问世，人们也认识到，在加工中心上加工 M20 以上的螺纹孔，采用螺纹铣刀与采用丝锥相比，能大幅降低加工成本。

(4) 延长刀具使用寿命

某刀体生产企业，由于刀体硬度一般为 44HRC，对于压紧刀片的小直径螺纹孔，采用高速钢丝锥加工比较困难，刀具寿命较短，容易折断，对于 M4×0.7 的螺纹加工，客户选用整体硬质合金螺纹铣刀 $V_c=60$m/min，$F_z=0.03$mm/r，加工时间 11s/螺纹，刀具寿命达 832 个螺纹，螺纹光洁度非常好。

5.3.2　单刀路右旋螺纹加工宏程序

%

O5001；

(右旋内螺纹铣削加工宏程序)

(X 螺纹孔中心 X 坐标 ♯24)
(Y 螺纹孔中心 Y 坐标 ♯25)
(Z 螺纹孔底坐标,螺纹铣刀下的最深的地方 ♯26)
(R 螺纹开始 ♯18)
(I 螺纹公称直径 ♯4－♯4)
(K 螺距 ♯6－♯6)
(D 螺纹铣刀直径外 ♯7)
(Q 螺纹每次加工深度/如果小于一个螺距,则默认单线加工 ♯17)
(F 进给速度)
(G65 P5001 X Y Z R I K D Q F)
♯33=♯5003；   /记录刀具当前 Z 坐标
(计算孔底直径)
♯32=[♯4－1.3*♯6－♯7]/2；   /刀具引入半径
♯31=[♯4－♯7]/2；   /刀具螺旋半径
♯30=0.25*[♯6]；   /引入段和退出 Z 向位移
(计算圈数)
♯29=[♯18－♯26]/♯6；
♯29=FUP[ABS[♯29]]；
♯18=♯26+♯29*♯6；
(每层需要加工多少圈)
♯28=♯17/♯6；
♯28=FUP[ABS[♯28－0.01]]－1；
(如果 Q 少于 1 个螺距,则认为是单刃螺纹铣刀)
IF[♯28LT1] GOTO1000；
♯27=♯29/♯28；
♯27=FUP[ABS[♯27]]；
G00 X[♯24] Y[♯25]；
Z[♯18]；
WHILE[♯27GT0] DO1；
♯27=♯27－1；
♯1=♯27*♯28*♯6+♯26；
G01 Z[♯1－♯30] F[♯9]；
G01 X[♯24+♯32] Y[♯25+♯6*0.65]；
G03 X[♯24] Y[♯25+♯31] Z[♯1] I－♯32 F[♯9]；
G03 J[－♯31] Z[♯1+♯6] F[♯9]；
G03 X[♯24－♯32] Y[♯25+♯6*0.65] Z[♯1+♯30+♯6] J－♯32 F[♯9]；
G01 X[♯24] Y[♯25]；
END1；
GOTO1100；
(单刃螺纹刀加工)

N1000 ♯27=1；
G00 X[♯24] Y[♯25] Z[♯18]；
G01 Z[♯26-♯30] F[♯9]；
G01 X[♯24+♯32] Y[♯25+♯6*0.65] F[♯9]；
G03 X[♯24] Y[♯25+♯31] Z[♯26] I[-♯32] F[♯9]；
WHILE[♯27 LE ♯29] DO2；
♯1=♯27*♯6+♯26；
G03 J[-♯31] Z[♯1] F[♯9]；
♯27=♯27+1；
END2；
G03 X[♯24-♯32] Y[♯25+♯6*0.65] Z[♯26+♯29*♯6+♯30] J-♯32 F[♯9]；
G01 X[♯24] Y[♯25]；
N1100 G00 Z[♯33]；
M99；
%

5.3.3 多刀路右旋螺纹加工宏程序

%
O5002；
(多刀路右旋内螺纹铣削加工宏程序)
(X 螺纹孔中心 X 坐标♯24)
(Y 螺纹孔中心 Y 坐标♯25)
(Z 螺纹孔底坐标,螺纹铣刀下的最深的地方♯26)
(R 螺纹开始♯18)
(I 螺纹公称直径♯4-♯4)
(K 螺距♯6-♯6)
(D 螺纹铣刀直径外♯7)
(Q 螺纹每次加工深度/如果小于一个螺距,则默认单线加工♯17)
(C 第一刀吃刀量,以后每次吃刀量为前一刀的一半♯3 直径方向)
(S 最小吃刀量♯19 直径方向)
(E 公差♯8 直径方向)
(F 进给速度♯9)
(G65 P5002 X Y Z R M I D Q K S E F)
♯33=♯5003；
(最大孔径)
♯4=♯4+♯8；
(最小孔径)
♯33=♯4-1.3*♯6；
♯32=♯33；

```
WHILE[#32 LT #4] DO1;
IF[#3 LE #19] THEN #3=#19;
#32=#32+#3;
IF[#32 GE #4] THEN #32=#4;
G65 P5001 X[#24] Y[#25] Z[#26] R[#18] I[#32] K[#6] D[#7] Q[#17] F[#9];
#3=#3/2;
END1;
M99;
%
```

5.3.4 螺纹加工宏程序的调用

螺旋铣孔

```
%
O5206;
G21 G17 G49 G80;
G53 G90 G00 Z0;
T1 M06;
G54 G90;
M03 S1000;
Z10;
G65 P4002 X0 Y0 Z-32 R2 I48 D16 Q1 F300;
G49;
G53 G90 G00 Z0;
M05;
M30;
%
```

调用单刀路螺纹加工宏程序实例

```
%
O5204;
G21 G17 G49 G80;
T3 M06;
G54 G90;
M03 S1000;
Z10;
G65 P5001 X0 Y0 Z-32 R2 I50 K2 D12 Q10 F300;
G49;
M05;
M30;
%
```

调用多刀路螺纹加工宏程序实例

```
%
O5205;
G21 G17 G49 G80;
G53 G90 G00 Z0;
T3 M06;
G54 G90;
M03 S1000;
Z10;
G65 P5002 X0 Y0 Z－32 R2 I50 K2 D12 Q0 C1.5 S0.2 E0.1 F300;
G49;
G53 G90 G00 Z0;
M05;
M30;
%
```

任务实施

课程任务单

实训任务 5.3	铣螺纹加工实训	
学习小组：	班级：	日期：
小组成员(签名)：		

任务描述(分小组完成)

参考下图，也可自行设计其他图形，利用合适的刀具，编写铣螺纹的加工程序，并利用螺纹铣刀加工螺纹。

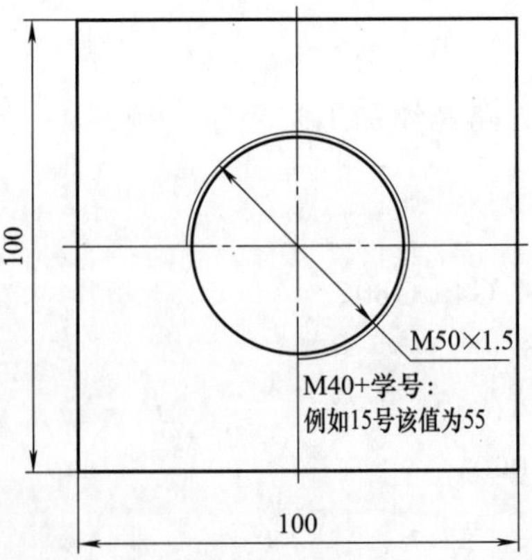
20
100
M50×1.5
M40+学号:
例如15号该值为55
100

任务完成情况：

序号	姓名	任务分配	完成情况
1			
2			
3			
4			
5			

思 考 题

1. 孔位加工时,为什么要打中心孔?
2. G98/G99 有什么区别?它们各适用于什么情况下的加工?
3. 在孔位加工时,如何通过固定循环的模态和 G91 与循环次数来简化编程?
4. G73/G83 编写深孔钻孔循环时,机床动作有何不同?
5. 简述铰孔与镗孔一般应用范围。
6. 各个镗孔指令都有哪些区别,想一想为什么要设置这些指令?

实操训练与知识拓展

如表 5.4~表 5.10 所示为常见孔加工的工艺参数,供大家参考。

表 5.4 常见孔 H13~H7 孔加工方式的余量(孔长度≤5 倍直径) 单位:mm

孔的精度	孔的毛坯性质	
	在实体材料上加工孔	预先铸出或热冲出的孔
H13,H12	一次钻孔	用车刀或扩孔钻镗孔
H11	孔径≤10:一次钻孔; 孔径>10~30:钻孔及扩孔; 孔径>30~80:钻孔、扩钻及扩孔;或钻孔,用扩孔刀或车刀镗孔及扩孔	孔径≤80:粗扩和精扩; 或用车刀粗镗和精镗; 或根据余量一次镗孔扩孔及扩孔; 或钻孔,用扩孔刀或车刀镗孔及扩孔
H10,H9	孔径≤10:钻孔及铰孔; 孔径>10~30:钻孔、扩孔及铰孔; 孔径>30~80:钻孔、扩孔及铰孔;或钻孔用扩孔刀镗孔、扩孔及铰孔	孔径≤80:扩孔(一次或二次,根据余量而定)及铰孔;或用车刀镗孔(一次或二次,根据余量而定)及铰孔
H8,H7	孔径≤10:钻孔及一次或二次铰孔; 孔径>10~30:钻孔、扩孔及一次或二次铰孔; 孔径>30~80:钻孔、扩钻(或用扩孔刀镗孔、扩孔及一次或二次铰孔	孔径≤80:扩孔(一次或二次,根据余量而定)一次或二次铰孔;或用车刀镗孔(一次或二次,根据余量而定)及一次或二次铰孔

注:当孔径≤30mm,直径余量≤4mm 和孔径>30~80mm,直径余量≤6mm 时,采用一次扩孔或一次镗孔

表 5.5 H7 孔加工方式的余量 单位:mm

加工孔的直径	直径					加工孔的直径	直径				
	钻		用车刀镗以后	扩孔钻	粗铰	精铰 H7		钻		用车刀镗以后	扩孔钻	粗铰	精铰 H7
	第一次	第二次						第一次	第二次				
3	2.9					3	30	15.0	28.0	29.8	29.8	29.93	30
4	3.9					4	32	15.0	30.0	31.7	31.75	31.93	32
5	4.8					5	35	20.0	33.0	34.7	34.75	34.93	35
6	5.8					6	38	20.0	36.0	37.7	37.75	37.93	38
8	7.8			7.96		8	40	25.0	38.0	39.7	39.75	39.93	40
10	9.8			9.96		10	42	25.0	40.0	41.7	41.75	41.93	42
12	11.0			11.85	11.95	12	45	25.0	43.0	44.7	44.75	44.93	45
13	12.0			12.85	12.95	13	48	25.0	46.0	47.7	47.75	47.93	48
14	13.0			13.85	13.95	14	50	25.0	48.0	49.7	49.75	49.93	50
15	14.0			14.85	14.95	15	60	30	55.0	59.5	59.5	59.9	60
16	15.0			15.85	15.95	16	70	30	65.0	69.5	69.5	69.9	70
18	17.0			17.85	17.95	18	80	30	75.0	79.5	79.5	79.9	80
20	18.0		19.8	19.8	19.94	20	90	30	80.0	89.3		89.8	90
22	20.0		21.8	21.8	21.94	22	100	30	80.0	99.3		99.8	100
24	22.0		23.8	23.8	23.94	24	120	30	80.0	119.3		119.8	120
25	23.0		24.8	24.8	24.94	25	140	30	80.0	139.3		139.8	140
26	24.0		25.8	25.8	25.94	26	160	30	80.0	159.3		159.8	160
28	26.0		27.8	27.8	27.94	28	180	30	80.0	179.3		179.8	180

注:在铸铁上加工直径为 30mm 与 32mm 的孔可用 ϕ28 与 ϕ30 钻头钻一次。

表 5.6 按 H8 与 H7 级精度加工已预先铸出或热冲出的孔的余量　　单位：mm

加工孔的直径	直径					加工孔的直径	直径				
	粗镗		半精镗	粗铰或一次半精铰	精铰或精镗		粗镗		半精镗	粗铰或一次半精铰	精铰或精镗
	第一次	第二次					第一次	第二次			
30		28.0	29.8	29.93	30	105	100	103.0	104.3	104.8	105
32		30.0	31.7	31.93	32	110	105	108.0	109.3	109.8	110
35		33.0	34.7	34.93	35	115	110	113.0	114.3	114.8	115
38		36.0	37.7	37.93	38	120	115	118.0	119.4	119.8	120
40		38.0	39.7	39.93	40	125	120	123.0	124.3	124.8	125
42		40.0	41.7	41.93	42	130	125	128.0	129.3	129.8	130
45		43.0	44.7	44.93	45	135	130	133.0	134.3	134.8	135
48		46.0	47.7	47.93	48	140	135	138.0	139.3	139.8	140
50	45	48.0	49.7	49.93	50	145	140	143.0	144.3	144.8	145
52	47	50.0	51.7	51.93	52	150	145	148.0	149.3	149.8	150
55	51	53.0	54.5	54.92	55	155	150	153.0	154.3	154.8	155
58	54	56.0	57.5	57.92	58	160	155	158.0	159.3	159.8	160
60	56	58.0	59.5	59.95	60	165	160	163.0	164.3	164.8	165
62	58	60.0	61.5	61.92	62	170	165	168.0	169.3	169.8	170
65	61	63.0	64.5	64.92	65	175	170	173.0	174.3	174.8	175
68	64	66.0	67.5	67.90	68	180	175	178.0	179.3	179.8	180
70	66	68.0	69.5	69.90	70	185	180	183.0	184.3	184.8	185
72	68	70.0	71.5	71.90	72	190	185	188.0	189.3	189.8	190
75	71	73.0	74.5	74.90	75	195	190	193.0	194.3	194.8	195
78	74	76.0	77.5	77.90	78	200	194	197.0	199.3	199.8	200
80	75	78.0	79.5	79.90	80	210	204	207.0	209.3	209.8	210
82	77	80.0	81.3	81.85	82	220	214	217.0	219.3	219.8	220
85	80	83.0	84.3	84.85	85	250	244	247.0	249.3	249.8	250
88	83	86.0	87.3	87.85	88	280	274	277.0	279.3	279.8	280
90	85	88.0	89.3	89.85	90	300	294	297.0	299.3	299.8	300
92	87	90.0	91.3	91.85	92	320	314	317.0	319.3	319.8	320
95	90	93.0	94.3	94.85	95	350	342	347.0	349.3	349.8	350
98	93	96.0	97.3	97.85	98	380	372	377.0	379.2	379.75	380
100	93	98.0	99.3	99.85	100	400	392	397.0	399.2	399.75	400

注：1. 如果铸出的孔有很大的加工余量时，则第一次粗镗可分为两次或多次粗镗。
2. 如果只进行一次半精镗，则其加工余量为表中"半精镗"和"粗铰或二次半精镗"加工余量之和。

表 5.7 镗孔切削用量

单位：切削速度 mm/min、进给量 mm/r

工序	工件材料刀具材料	铸铁		铜		铝及合金	
		切削速度	进给量	切削速度	进给量	切削速度	进给量
粗镗	高速钢	20~25		15~30		100~150	0.5~1.5
	硬质合金	30~35	0~1.5	50~70	0.35	100~250	
半精镗	高速钢	20~35	0.15~0.45	15~50		100~200	0.2~0.5
	硬质合金	50~70		92~130	0.15~0.45		
精镗	高速钢		D1 级 0.08				
	硬质合金	70~90	D1 级 0.12~0.15	100~130	0.2~0.15	150~400	0.06~0.1

表 5.8 攻螺纹切削速度　　单位：mm/min

工件材料	铸铁	钢及其合金钢	铝及其铝合金
切削速度 $V/m \cdot min^{-1}$	2.5~5	1.5~5	5~15

表5.9 金属材料用高速钢钻孔的切削用量

单位：切削速度 mm/min、进给量 mm/r

工件材料	牌号或硬度	切削用量	钻头直径			
			1～6	6～12	12～22	22～50
铸铁	160～200HB	切削速度	16～24			
		进给量	0.07～0.12	0.12～0.2	0.2～0.4	0.4～0.8
	200～241HB	切削速度	10～18			
		进给量	0.05～0.1	0.1～0.18	0.18～0.25	0.25～0.4
	300～400HB	切削速度	5～12			
		进给量	0.03～0.08	0.08～0.15	0.15～0.2	0.2～0.3
钢	35、45	切削速度	8～25			
		进给量	0.05～0.1	0.1～0.2	0.2～0.3	0.3～0.45
	15Cr、20Cr	切削速度	12～30			
		进给量	0.05～0.1	0.1～0.2	0.2～0.3	0.3～0.45
	合金钢	切削速度	8～18			
		进给量	0.03～0.08	0.08～0.15	0.15～0.25	0.25～0.35

表5.10 有色金属材料用高速钢钻孔的切削用量

单位：切削速度 mm/min、进给量 mm/r

工件材料	牌号或硬度	切削用量	钻头直径		
			3～8	8～25	25～50
铝	纯铝	切削速度	20～50		
		进给量	0.03～0.2	0.06～0.5	0.15～0.8
	铝合金（长切削）	切削速度	20～50		
		进给量	0.05～0.25	0.1～0.6	0.2～1.0
	铝合金（短切削）	切削速度	20～50		
		进给量	0.03～0.1	0.05～0.15	0.08～0.36
铜	黄铜、青铜	切削速度	60～90		
		进给量	0.06～0.15	0.15～0.3	0.3～0.75
铜	硬青铜	切削速度	25～45		
		进给量	0.05～0.15	0.12～0.25	0.25～0.5

项目 6

平面零件编程与加工

项目导入

通过前面的学习，已经对机床加工指令比较熟悉。但是数控铣削加工技术决不局限于编写数控加工指令代码。数控铣削加工更重要的是对零件的加工工艺分析、工艺参数、刀具的运动轨迹、切削参数（切削速度、进给量、背吃刀量）等关键技术指标的确定。

手工编程适合批量较大、形状简单、计算方便、轮廓由直线或圆弧组成的简单零件的加工，面对日益复杂的零件显得力不从心。通过借助将大量的点位计算交由计算机完成，发挥其计算优势，将大量重复性、格式性代码，交由计算机自动生成。将编程人员的工作重心从编码转到工艺分析、切削参数确定等关键技术领域的确定上来。

自动编程效率高，正确性好，可完成的复杂零件编程。如图 6.1 所示，为一典型零件 UG 编程的刀轨文件。

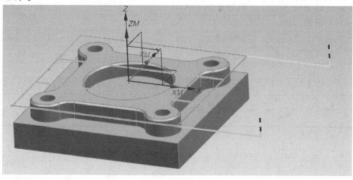

图 6.1　平面零件自动编程

知识目标

1. 掌握自动编程的基本过程方法；能够创建加工几何体、刀具组、加工方法组；
2. 掌握自动编程的基本参数设定；
3. 掌握后处理的设定与使用方法；
4. 掌握机床给在线加工的方法。

技能目标

1. 能够利用 UG 软件绘制简单数模；
2. 能够根据实际情况创建刀具组；
3. 能够安装和使用后处理文件；
4. 能够将软件生成的代码正确运行在机床上。

任务 1　简单平面零件工艺规划及毛坯准备

相关知识

6.1.1　数控编程概述

数控编程：将零件的加工工艺要求以机床数控系统能识别的指令形式告知数控系统，使数控机床正确运行。制作这些指令的过程称为数控编程。

数控编程的过程不仅仅指编写数控加工指令代码的过程，它还包括从零件分析到编写加工指令代码，再到制成控制介质以及程序校核的全过程。在编程前首先要进行零件的加工工艺分析，确定加工工艺路线、工艺参数、刀具的运动轨迹、位移量、切削参数（切削速度、进给量、背吃刀量）以及各项辅助功能（换刀、主轴正反转、切削液开关等）；接着根据数控机床规定的指令代码及程序格式编写加工程序单，再把这一程序单中的内容记录在控制介质上（如软盘、移动存储器、硬盘等），检查正确无误后采用手工输入方式或计算机传输方式输入数控机床的数控装置中，从而指挥机床加工零件。

数控编程步骤如图 6.2 所示，主要有以下几个方面的内容。

① 图纸分析。包括零件轮廓分析，零件尺寸精度、形位精度、表面粗糙度、技术要求的分析，零件材料、热处理等要求的分析。

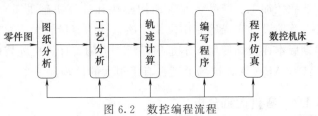

图 6.2　数控编程流程

② 工艺分析。包括选择加工方案，确定加工路线，选择定位与夹紧方式，选择刀具，选择各项切削参数，选择对刀点、换刀点。

③ 轨迹计算。选择编程原点，对零件图形各基点进行正确的数学计算，为编写程序单做好准备。

④ 编写程序。根据数控机床规定的指令代码及程序格式编写加工程序单。

⑤ 程序仿真。程序必须经过仿真，验证正确后才能使用。一般采用机床空运行的方式进行校验，有图形显示卡的机床可直接在 CRT 显示屏上进行校验，现在有很多学校还采用计算机数控模拟进行校验。以上方式只能进行数控程序、机床动作的校验，如果要校验加工精度，则要进行首件试切校验。

6.1.2　手工编程与自动编程

(1) 手工编程

手工编程不需要计算机、编程器、编程软件等辅助设备，只需要有合格的编程人员即可完成。手工编程具有编程快速及时的优点，其缺点是不能进行复杂曲面的编程。手工编程比较适合批量较大、形状简单、计算方便、轮廓由直线或圆弧组成的零件的加工。对于形状复杂的零件，特别是具有非圆曲线、列表曲线及曲面的零件，采用手工编程则比较困难，最好采用自动编程的方法进行编程。

（2）自动编程

自动编程是指用计算机编制数控加工程序的过程。自动编程的优点是效率高，正确性好。自动编程由计算机代替人完成复杂的坐标计算和书写程序单的工作，它可以解决许多手工编制无法完成的复杂零件编程难题，但其缺点是必须具备自动编程系统或自动编程软件。自动编程较适合形状复杂零件的加工程序编制，如：模具加工、多轴联动加工等场合。

实现自动编程的方法主要有语言式自动编程和图形交互式自动编程两种。前者通过高级语言的形式表示出全部加工内容；计算机运行时采用批处理方式，一次性处理、输出加工程序。后者是采用人机对话的处理方式，利用CAD/CAM功能生成加工程序。

CAD/CAM软件编程加工过程为：图样分析、零件分析、三维造型、生成加工刀具轨迹；后置处理生成加工程序、程序校验、程序传输并进行加工。

6.1.3　常用CAD/CAM软件——UG介绍

UG起源于麦道飞机制造公司，是由EDS公司开发的集成化CAD/CAE/CAM系统，是当前国际、国内非常流行的工业设计平台。其庞大的模块群为企业提供了从产品设计、产品分析、加工装配、检验，到过程管理、虚拟动作等全系列的支持，其主要模块有数控造型、数控加工、产品装配等通用模块和计算机辅助工业设计、钣金设计加工、模具设计加工、管路设计布局等专用模块。该软件的容量较大，对计算机的硬件配置要求也较高，所以早期版本在我国使用并不是很广泛，但随着计算机配置的不断升级，该软件在国际、国内的CAD/CAE/CAM市场上已占有了很大的份额。

6.1.4　零件图纸分析

本项目通过介绍2个简单配合零件的加工，说明UG数控加工的基本流程，如图6.3、图6.4所示零件，零件主要表面为平面，有孔、凸台、凹陷和倒角，以及侧壁，因两个零件需要配合，所以加工精度要求高，尺寸精度要求高。所以在加工过程中要合理地编排加工工艺，注意精度和光洁度的把握。

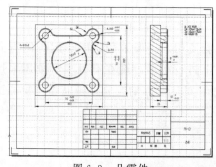

图6.3　凸零件

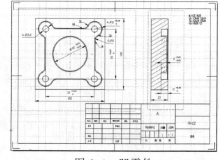

图6.4　凹零件

6.1.5　凸零件加工工艺编制

（1）加工条件

根据工艺要求，该加工件在立式加工中心机床上加工。工件的毛坯为100mm×100mm×25mm板料，底平面已经加工完毕，工件材料为45钢，使用虎钳夹一次装夹完成。

(2) 工序安排

该加工件安排6个加工工步。

【工步1】 精铣顶面

采用"面铣"方式，精铣工件顶面，选用φ50盘式铣刀加工，一次铣削到位。

【工步2】 粗铣凹槽和凸台外形。

采用"底壁铣"和"螺旋铣孔"的方式，粗加工零件，选用φ16端铣刀加工，底面和四周表面均留0.2mm加工余量。

【工步3】 精铣凹槽和凸台外形

采用"底壁铣"方式，精铣凹槽内底面和侧边、凸台底面和侧壁，选用φ16端铣刀加工。

【工步4】 钻通孔的中心孔

采用"标准钻"方式，钻3mm的、深2mm的定心孔。

【工步5】 钻通孔

采用"啄钻"方式，用φ8.8的钻头，将孔钻透，超出量5mm。

【工步6】 铣倒角

采用45°倒角刀，采用平面铣的方式，铣削倒角。

(3) 工具卡与工艺卡填写

根据分析的工艺方案，初步拟定加工工序，如图6.5所示。

班级:		数控加工工序卡片			产品名称			共 页	第 页
小组:					工序号			工序名称	
					零件图号			夹具名称	
					零件名称			夹具编号	
					材料			设备名称	
					程序编号			车间	
					编制			批准	
					审核			日期	
序号	工步工作内容	刀具		切削用量				量具	
		编号	规格	V_c/(m/min)	n/(r/min)	F/(mm/min)	a_p/mm	编号	名称
1	铣上顶面	1	镶刀块面铣D50	150	1000	400	0.5		
2	粗加工凹槽与凸台外形	2	整体硬质合金φ16	80	1600	700	3		
3	精加工凹槽与凸台外形	2	整体硬质合金φ16	120	2400	750	5		
4	打定心钻	3	高速钢定心钻φ3	15	1500	50	1.5		
5	钻孔	4	高速钢钻头φ8.8	15	550	50	4.4		
6	倒角	5	高速钢倒角刀φ10	15	550	50	1		
7									
8									
9									

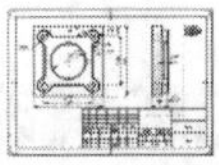

图6.5 数控加工工序卡

任务实施

课程任务单

实训任务6.1		毛坯准备	
学习小组:	班级:		日期:
小组成员(签名):			

续表

任务描述（以小组完成）
1. 完成凸零件的加工工艺卡，根据加工工艺卡准备加工需要的刀具。 2. 准备本项目加工零件所需的毛坯料 2 块，要求长宽尺寸铣到位，上下余量 0.5～1mm。 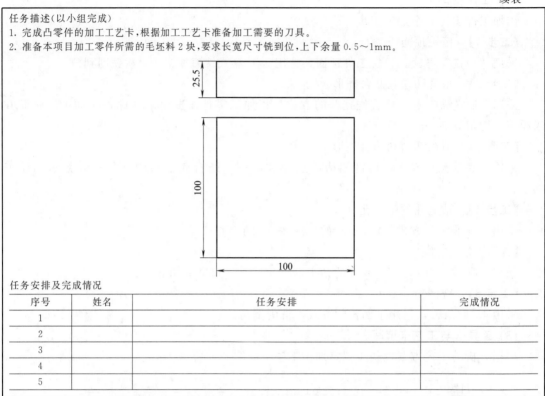

任务安排及完成情况

序号	姓名	任务安排	完成情况
1			
2			
3			
4			
5			

任务 2　零件建模及加工环境设置

相关知识

6.2.1　构建工件模型

设计铣削的数控加工程序，事先构建出加工件的轮廓曲线和实体模型。对于铣削加工的工件模型，其设计方法有所不同，要求将工件的边界轮廓曲线绘制在水平基准平面上，并且其工作坐标系的原点应位于工件最高顶面上。具体方法如下：

① 新建文件，打开 UG 软件并点击新建命令，新建一个模型文件，文件取名为 6-2-1. part，如图 6.6 所示。

② 新建草图，点击新建草图命令，选择 XY 平面，将草图设置在 XY 平面上。如图 6.7 所示。

③ 按零件工程图要求，画出零件的边界轮廓曲线，如图 6.8 所示。绘制工件轮廓曲线时要注意两点：一是主要的圆角、倒角等特征，可以在轮廓曲线中反映出来，也可以创建实体后用特征方法来构建；二是要精准地标注出全部轮廓曲线的尺寸数值，以便在选择加工边界时所用。绘制完成后点击完成草图图标 ▰，退出草图模式，退出后如图 6.9 所示。

④ 在三维工作界面上，分别选取各个轮廓曲线，向下拉伸生成工件实体模型，以保证工作坐标系的原点位于工件的顶面上。选择曲线时，可选择相连曲线。拉伸操作如

项目6 平面零件编程与加工 137

图 6.6 新建文件

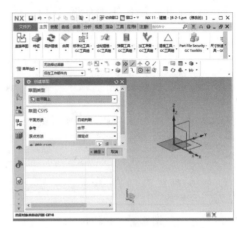

图 6.7 新建草图

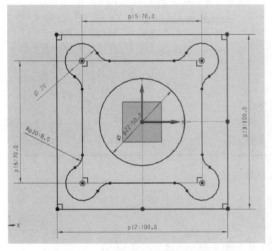

图 6.8 绘制草图轮廓线

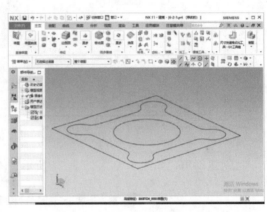

图 6.9 退出草图

图 6.10～图 6.13 所示。

图 6.10 选择相连曲线

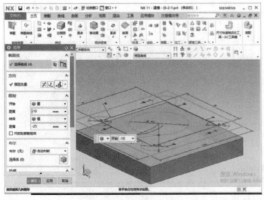

图 6.11 拉伸主体

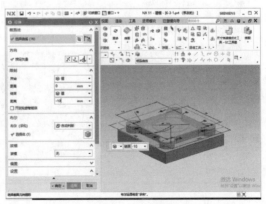

图 6.12 拉伸凸台

⑤ 创建孔，操作步骤如图 6.14、图 6.15 所示。

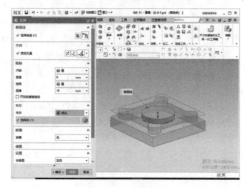

图 6.13　拉伸孔

图 6.14　选择孔命令

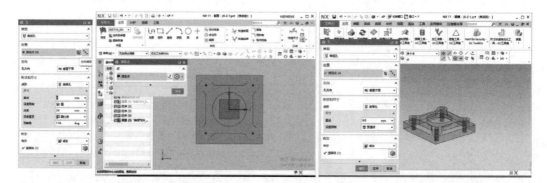

图 6.15　设置孔参数生成孔

⑥ 创建倒角，如图 6.16、图 6.17 所示。

图 6.16　选择倒角命令

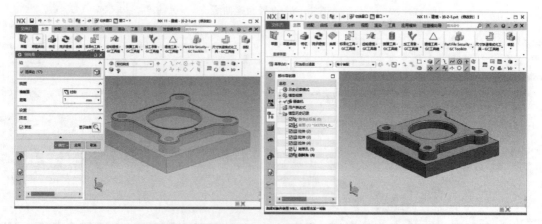

图 6.17　设置倒角参数

6.2.2 创建加工环境

单击"菜单条"上的[起始]—[加工]命令，会弹出一个"加工环境"对话框。将对话框上的"CAM 会话配置"栏中的"cam_general"选项（通用机床）选中，同时，将"CAM 设置"栏中的"mill_contour"选项（型腔铣加工）选中。完成上面的设置后，单击[初始化]按钮，结束加工环境设置，进入平面铣加工操作工作界面。此步骤是调入适合本次加工所要用到的操作模板。如图6.18、图6.19所示。

图 6.18　选择加工模块

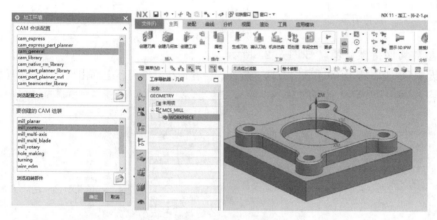

图 6.19　进入加工环境

6.2.3 创建几何体

在导航视图中的几何体视图中，已经发现系统为我们默认创建了一个坐标系，和一个几何体。点击几何体，设置部件和毛坯，如图6.20、图6.21所示。

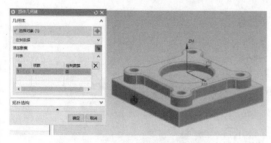

图 6.20　创建部件几何体

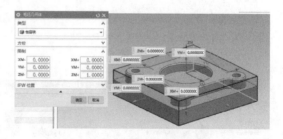

图 6.21　创建毛坯几何体

6.2.4 创建刀具组

根据工序安排，本工件在立式加工中心机床上的加工，共需要5把刀具。每把刀具按使用的先后顺序，进行编号。具体的刀具创建过程如下：

① 创建1号刀 D50R0.8。根据工序安排,本工件在立式加工中心机床上的加工,共需要6把刀具。每把刀具按使用的先后顺序,进行编号。具体的刀具创建过程如下:

创建1号刀具:φ50 盘铣刀(D50)。

单击"加工创建"工具条上的[创建刀具]命令,弹出"创建刀具"对话框。设置选项:"类型"为"mill_planer"(平面铣);"子类型"为第一个图标[MILL](铣削);刀具位置为"GENERIC MACHINE"(通用机床);"名称"为"D50",如图6.22、图6.23所示。单击应用按钮,弹出"Milling Tool-5 Parameters"(5参数铣刀)对话框。具体的刀具参数设置如下:

直径:50;
下半径:0.8;
长度:50;
刃口长度:25;
刃数:5;
刀具号:1;

图 6.22 新建刀具

其余参数均保持默认值,如图6.23所示。

完成设置后,单击下面的[显示刀具]命令,会看到在工件模型上面出现一个铣刀轮廓图像。

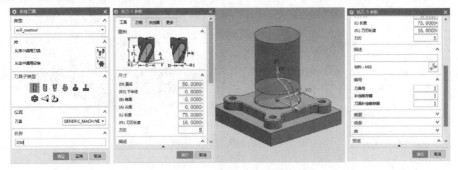

图 6.23 设置刀具参数

② 依据上述做法,依次创建2号刀 D16,如图6.24所示。参数如下:

直径:16;
下半径:0;
长度:75;
刃口长度:50;
刃数:4;

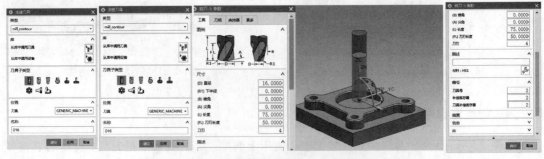

图 6.24 创建 D16 刀具并设置刀具参数

刀具号：2；

其余参数均保持默认值。

③ 点击［创建刀具］命令，类型选择"hole_making"，子类型选择第二个图标"CENTERDILL"中心钻，名称为 CENTERDRILL_D3。单击确定，设置参数如图 6.25 所示。主要参数如下：

直径：80；

夹角：60；

刀尖长度：4；

刀尖角度：118；

长度：50；

刀刃：2；

刀具号：3。

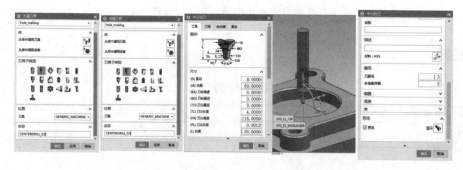

图 6.25　创建中心钻并设置参数

④ 点击［创建刀具］命令，类型选择"hole_making"，子类型选择第一个图标"STD_DILL"钻头，名称为 STD_DILL_D8.8。单击确定，设置参数如图 6.26 所示。主要参数如下：

直径：8.8；

刀尖角度：118；

刀尖长度：2.6；

长度：50；

刀刃：2；

刀具号：4。

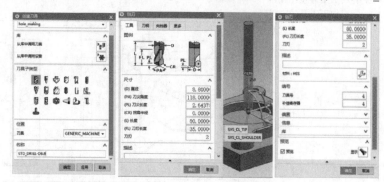

图 6.26　创建钻头并设置参数

⑤ 创建5号刀倒角刀，单击［创建刀具］命令，弹出"创建刀具"对话框。设置选项："类型"为"mill_planer"（平面铣）；"子类型"为第一个图标［MILL］（铣削）；刀具位置为"GENERIC MACHINE"（通用机床）；"名称"为"D10C45"，单击应用按钮，弹出"Milling Tool-5 Parameters"（5参数铣刀）对话框，如图 6.27 所示。具体的刀具参数设置如下：

直径：10；

下半径：0；

尖角：45；

长度：75；

刀口长度：50；

刃数：2；

刀具号：5。

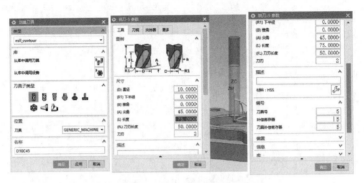

图 6.27 创建倒角刀并设置参数

任务实施

课程任务单

实训任务 6.2		工艺准备与创建刀具	
学习小组：	班级：		日期：
小组成员(签名)：			

任务描述(以小组完成)
1. 完成零件数模的创建；
2. 完成加工环境设置；
3. 完成加工刀具的创建。

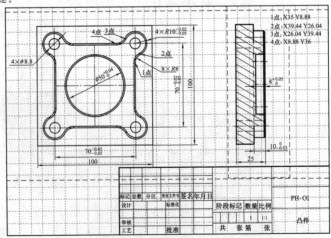

任务安排及完成情况

序号	姓名	任务安排	完成情况
1			
2			
3			
4			
5			

任务 3 简单平面零件编程

相关知识

在上一节课的基础上，继续创建加工程序。

完成工件几何体和刀具组的创建后，开始创建各工步的加工操作。

6.3.1 ［工步1］ 精铣顶面

加工任务：用1号刀具，采用"面铣"方式，精铣工件顶面，一次将尺寸加工到位。如图6.28所示选择［面铣］子类型。

(1) 选择加工方法

单击"加工工件"工具条上的［几何视图］图标，然后，用鼠标将"操作导航器—几何体"窗口打开。将此对话框上的选项设置如下（如图6.28所示）：

类型：mill_planer；
子类型：FACE_MILLING（面铣）；
程序：C1_D50R0.8；
使用几何体：WORKPIECE；
使用刀具：D50R0.8（1号刀具）；
使用方法：MILL_FINSH（精铣）；
名称：默认（工步1）。

图6.28 选择面铣加工方法

完成所有的选项设置后，单击［确定］按钮，进入"FACE_MILLING（面铣）"对话框。

打开"主界面"，如图6.29所示。

(2) 设置切削区域

选择"几何体"栏下的第二个图标［面铣］，单击下面的［选择］按钮，弹出"面几何体"对话框。将上面的"过滤器类型"选择为［曲线］。然后，用鼠标选

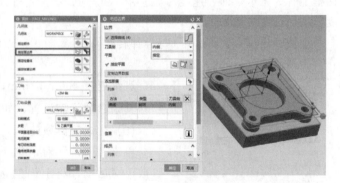

图6.29 设置切削区域

择工件的面边界，使其呈高亮显示状态（变成红色）。选中的工件表面就是本次需要加工的区域。

(3) 设置切削方式

在主界面卡上，设置切削方式如下：

切削模式：往复式走刀；
步进：刀具直径；

图 6.30 切削参数设置

百分比：75；

毛坯距离：3；

每一刀的深度：0；

最终底面余量：0；

其余选项，如［控制点］、［方法］、［自动］等，无需进行设置，保持默认值即可，如图 6.30 所示。

(4) 设置切削参数

单击［切削］按钮，弹出"切削参数"对话框。此对话框上有 4 张卡，即"策略""毛坯""连接"和"包容"。先打开"策略"卡，设置参数如下：

切削方向：顺铣切削；

切削角：用户定义；

度数：180；

清壁：无；

毛坯距离：3。

再打开"毛坯"卡，设置参数如下：

部件余量：0；

壁余量：0；

毛坯余量：2；

最终底面余量：0；

其余参数均保持默认值，如图 6.31 所示。

(5) 设置进给和转速

单击［进给率］按钮，弹出"进给和速度"对话框。此对话框上有 3 张卡，即"速度""进给"和"更多"。先打开"速度"卡，设置参数如下：

主轴输出模式：r/min（每分钟转数）；

主轴速度（r/min）1000；

图 6.31 设置铣削参数

进给速度 400mm/min；

其余参数无需设置，如图 6.32 所示。

(6) 生成刀具轨迹

单击"面铣"对话框下面的［生成］命令，弹出"显示参数"对话框，将上面的选项设置。单击［确定］按钮，系统就会自动计算出刀具的运行轨迹，并在工件模型中生成刀轨，如图 6.33 所示。

(7) 检验刀轨

单击"面铣"对话框下面的［确认］命令，弹出"可视化刀轨轨迹"对话框。打开"3D 动态"卡，调整好下面的"动画速度"指针，如图 6.34 所示。单击［播放］按钮，就可以观看 3D 状态下整个仿真切削过程。完成切削加工后的工件效果。打开"2D 动态"卡，调整好下面的"动画速度"指针，

图 6.32 设置转速与进给

如图 6.35 所示。单击 [播放] 按钮，就可以观看 2D 状态下整个仿真切削过程。完成切削加工后的工件效果。如果单击此卡上的 [比较] 按钮，会在工件模型表面上显示出三种不同的颜色。绿色表示正好加工到位，白色表示尚有加工余量，而红色表示产生过切现象。

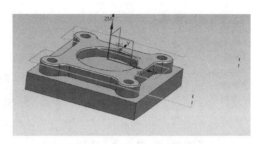

图 6.33　生成刀轨（一）

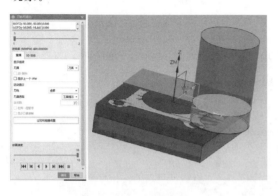

图 6.34　3D 刀轨校验

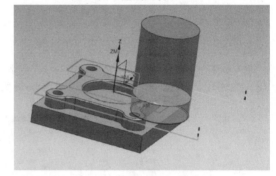

图 6.35　2D 刀轨校验

6.3.2　[工步 2]　粗加工外形

用 2 号刀具，利用底壁铣的加工方法，粗加工外形。

① 点击 [创建工序] 命令，弹出创建工序对话框，如图 6.36 所示参数设置如下：

图 6.36　创建"底壁加工"工序

类型："mill_planer"；

子类型："底壁铣"；

程序：C2_D16；

刀具：D16；

几何体：WORKPIECE；

方法：MILL_SEMI_FINISH；

名称：C2_D16_1；

设置完成后单击 [确定] 键进入"底壁加工"对话框。

② 指定切削区域，单击 [切削区域底面]，选择外形的底面为切削区域，设定成功后，并勾选自动壁选项，如图 6.37 所示。

刀轨设置如图 6.38 所示，具体参数如下：

切削区域空间范围：底面；

切削模式：跟随周边；

步距：50%刀具半径或 8.00mm；

底面毛坯厚度：10.00mm；

每刀切削深度：2.0mm。

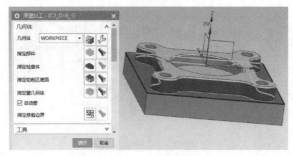
图 6.37 选定切削区域

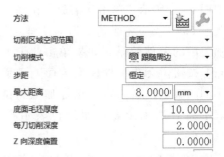
图 6.38 刀轨设置

③ 点击[切削参数]按钮，在"策略"选项卡内设置切削方向为"顺铣"，刀路方向"向内"，并勾选"岛清根"；在"余量"选项卡内设置壁余量"0.2"，最终底面余量"0.2"；在[空间范围]选项卡内，设置刀具延展量为14mm，如图6.39所示。

图 6.39 切削参数设置

④ 点击"非切削移动参数"按钮，设置开放区域进刀类型为"圆弧"，其余参数保存默认，如图6.40所示。

⑤ 点击"进给率和速度"按钮，设置主轴转速为3000，进给为1500，如图6.41所示。

图 6.40 非切削移动参数

图 6.41 进给转速设置

⑥ 点击"生成刀轨"按钮，生成的刀轨如图 6.42 所示。

6.3.3 ［工步 2］ 粗加工圆孔

利用螺旋铣孔加工方法，粗加工圆孔。

① 点击［创建工序］命令，弹出创建工序对话框，如图 6.43 所示参数设置如下：

类型："mill_planer"；
子类型："孔铣"；
程序：C2_D16；
刀具：D16；
几何体：WORKPIECE；
方法：MILL_SEMI_FINISH；
名称：C2_D16_2；

图 6.42 生成刀轨（二）

设置完成后单击［确定］按键进入"孔铣"对话框。

② 点击"指定特种几何体"按钮，设置底部余量 0.2，部件侧面余量 0.2，选择中间圆孔特征，如图 6.44 所示。

图 6.43 创建孔系工序

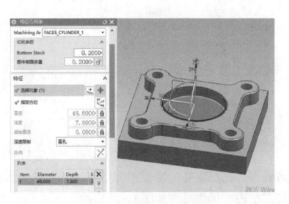

图 6.44 指定切削区域

③ 在刀轨设置内，选择切削模式为"螺旋"，轴向每转深度为 2mm，径向步距 50% 刀具，转速为 3000，进给 1500，其余参数保持默认。点击生成刀轨按钮，生成的刀轨如图 6.45 所示。

6.3.4 ［工步 3］ 精加工外形和内腔

采用底壁铣分别精加工零件的外形和内腔。

① 新建工序组 C3，并复制工序 C2_D16_1，至 C3 中，改名为 C3_D16_1，双击 C3_D16_1，将每刀切削深度改为 0.00，在切削参数中将余量

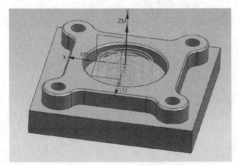

图 6.45 生成刀轨（三）

设置为壁余量 0.25，最终底面余量 0，内公差 0.01，外公差 0.01，主轴转速 4000，进给 1500。点击"刀轨生成"按钮，计算刀路轨迹。操作过程如图 6.46 所示。

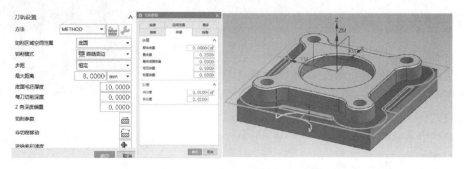

图 6.46 精加工外形底面

② 再次复制工序 C2_D16_1 至 C3 中，并改名为 C3_D16_2，双击工序 C3_D16_2，将切削模式设置为"轮廓"；在切削参数中将余量设置为壁余量 0.00，最终底面余量 0.00，内公差 0.01，外公差 0.01；主轴转速 4000，进给 1500。点击"刀轨生成"按钮，计算刀路轨迹。操作过程如图 6.47 所示。

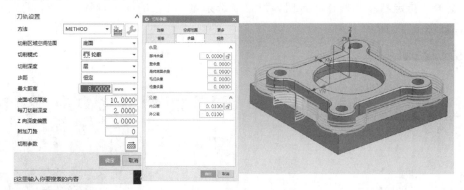

图 6.47 精加工外形侧壁

③ 复制工序 C3_D16_1 至 C3 中，改名为 C3_D16_3，双击 C3_D16_3，单击指定切削区域底面，选择圆孔的底面作为切削区域，其他参数保持不变，点击"刀轨生成"按钮，计算刀路轨迹。操作过程如图 6.48 所示。

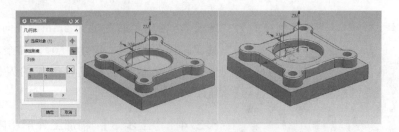

图 6.48 精加工内腔底面

④ 复制工序 C3_D16_2 至 C3 中，改名为 C3_D16_4，双击 C3_D16_4，单击指定切削区域底面，选择圆孔的底面作为切削区域，其他参数保持不变，点击"刀轨生成"按钮，计算刀路轨迹。操作过程如图 6.49 所示。

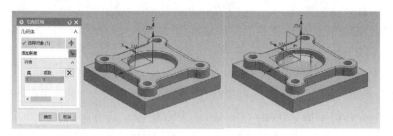

图 6.49 精加工内腔侧壁

6.3.5 ［工步 4］钻中心孔

① 新建工序组 C4，点击［创建工序］按钮，如图 6.50 所示，设置参数如下：

类型："hole_making"；
子类型："定心钻"；
程序：C4；
刀具：CENTERDRILL_D3；
几何体：WORKPIECE；
方法：METHOD；
名称：C4_1；

设置完成后单击［确定］按键进入"定心钻"对话框。

图 6.50 创建定心钻工序

② 在指定特征几何体中选择四个孔特征，如图 6.51 所示。

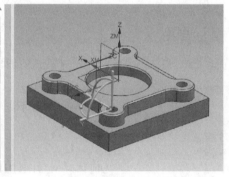

图 6.51 指定部件

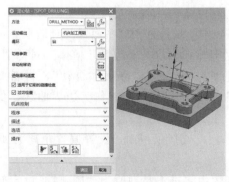

图 6.52 生成刀轨（四）

③ 设置主轴转速 1500，进给速度 50，并点击刀轨生成按钮计算刀轨，如图 6.52 所示。

6.3.6 ［工步 5］钻孔

① 新建工序组 C5，点击［创建工序］按钮，如图 6.53 所示，设置参数如下：

类型："hole_making"；
子类型："钻孔"；
程序：C5；

刀具：STD_DRILL_D8.8；

几何体：WORKPIECE；

方法：METHOD；

名称：C5_1；

设置完成后单击［确定］按键进入"钻孔"对话框。

② 按照钻中心孔的方法在指定特种几何体中选择四个孔特征，在刀轨设置中，设定运动形式为"机床加工周期"，循环为"钻深孔"，最大距离 3mm，如图 6.54 所示。

③ 设置主轴转速 800，进给速度 50，并点击刀轨生成按钮计算刀轨，如图 6.55 所示。

图 6.53 创建钻孔工序

图 6.54 刀轨设置

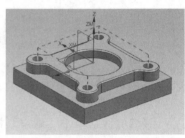

图 6.55 钻孔刀具轨迹

6.3.7 ［工步6］ 倒角

① 新建工序组 C6，点击［创建工序］按钮，如图 6.56 所示，设置参数如下：

类型："mill_planar"；

子类型："平面铣"；

程序：C6；

刀具：D10C45；

几何体：WORKPIECE；

方法：METHOD；

名称：C6_1；

设置完成后单击［确定］按键进入"平面铣"对话框。

图 6.56 创建平面铣工序

② 点击指定部件边界按钮，打开"边界几何体"对话框，模式为"曲线/边"，类型为"封闭"，平面"自动"，材料侧"内侧"，刀具位置"相切"，选择倒角边线作为边界曲线，如图 6.57 所示。

③ 点击指定底面按钮，类型选择为"按某一距离"，选择顶平面，设置偏置距离为4，如图 6.58 所示。

④ 将切削模式设置为"轮廓"，在非切削移动参数中将进刀类型改为"圆弧"，设定转

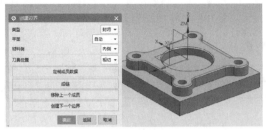
图 6.57 选择部件边界

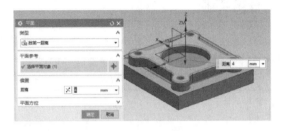
图 6.58 设置底面

速为 800，进给速度为 200；点击刀轨生成按钮，生成的刀轨如图 6.59 所示。

⑤ 复制工序 C6_1 至 C6 中，更名为 C6_2，双击工序 C6_2，点击"指定部件边界"按钮，删除原边界曲线，重新选择内孔的倒角边线作为边界曲线，材料侧为"外侧"，其余参数不变，点击生成按钮，生成的刀轨如图 6.60 所示。

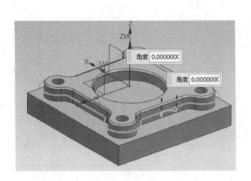
图 6.59 生成刀轨（五）

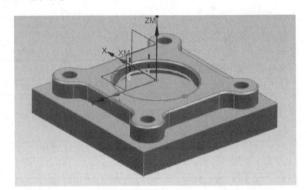
图 6.60 生成刀轨（六）

6.3.8 刀轨校验

全部程序编制完成后，选中总文件夹，点击确认刀轨按钮，可以对整个加工过程进行仿真，如图 6.61 所示。

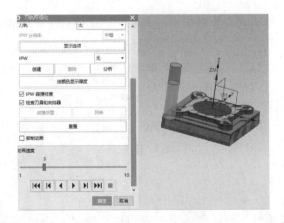
图 6.61 整体 3D 仿真

任务实施

课程任务单

实训任务 6.3		平面零件自动编程实训	
学习小组:	班级:		日期:
小组成员(签名):			
任务描述(以小组成员均需完成) 参考下图,也可自行设计其他图形,利用 UG 软件,编写加工刀路轨迹,进行 3D 动态仿真,确保走刀无误。 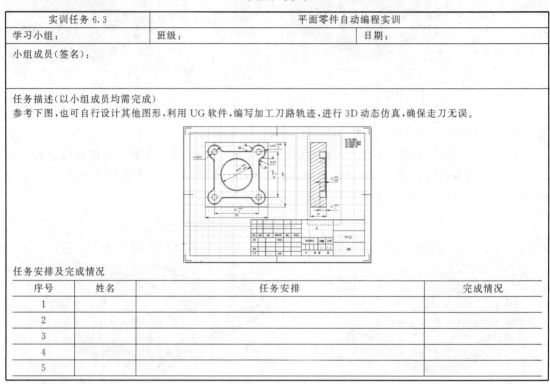			
任务安排及完成情况			
序号	姓名	任务安排	完成情况
1			
2			
3			
4			
5			

任务 4 平面零件仿真及加工

相关知识

6.4.1 程序后处理

根据编写的刀轨文件,选择合适的后处理程序,生成机床代码程序,如图 6.62 所示。

O0001.NC	2020/5/7 14:25	NC 文件	1 KB
O0002.NC	2020/5/7 14:26	NC 文件	7 KB
O0003.NC	2020/5/7 14:27	NC 文件	8 KB
O0004.NC	2020/5/7 14:27	NC 文件	1 KB
O0005.NC	2020/5/7 14:30	NC 文件	2 KB
O0006.NC	2020/5/7 14:31	NC 文件	1 KB

图 6.62 程序后处理

6.4.2 程序仿真

为了确保程序的正确性,可以借助第三方软件,例如 vericut 等数控专业仿真软件,对生成的代码进行仿真,仿真结果如图 6.63 所示。

图 6.63 仿真加工

任务实施

课程任务单

实训任务 6.4	平面零件仿真加工		
学习小组：	班级：		日期：
小组成员(签名)：			

任务描述(以小组完成)
参考下图,也可自行设计其他图形,整理好程序,并通过仿真软件验证程序无误后,通过 CF 卡或 U 盘等媒介将程序拷入机床。一次完成以下工作:(1)装卡工件;(2)准备刀具;(3)对刀;(4)调用程序加工;(5)尺寸检验。

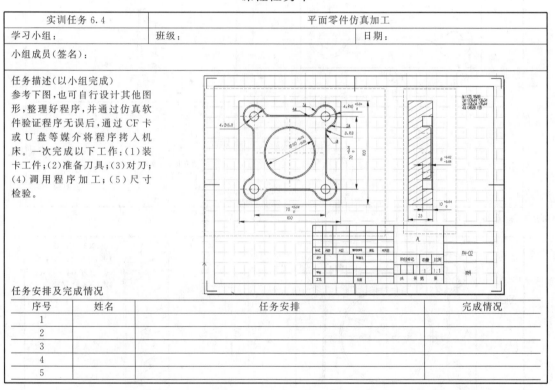

任务安排及完成情况

序号	姓名	任务安排	完成情况
1			
2			
3			
4			
5			

思 考 题

1. 过切与欠切是什么意思?
2. 如何避免空刀过多?
3. 内公差与外公差是什么意思?
4. 平面加工常用哪两种加工方法?
5. 如何设置加工余量?
6. 如何判断刀具类型?

7. 选择刀具加工时主要需要设置哪些参数？
8. 如何设置几何体与毛坯？

实操训练与知识拓展

练习图纸 1

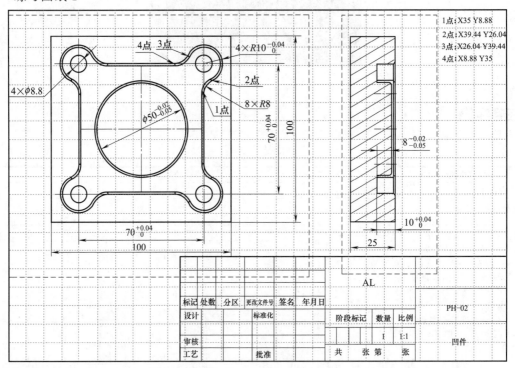

练习图纸 2

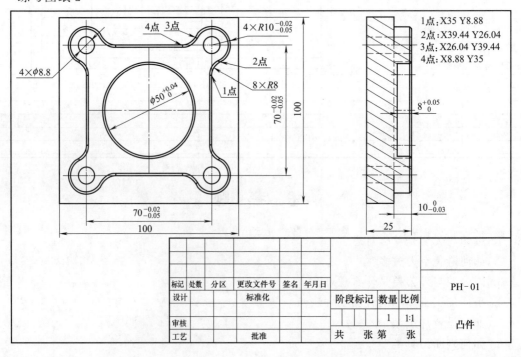

练习图纸 3

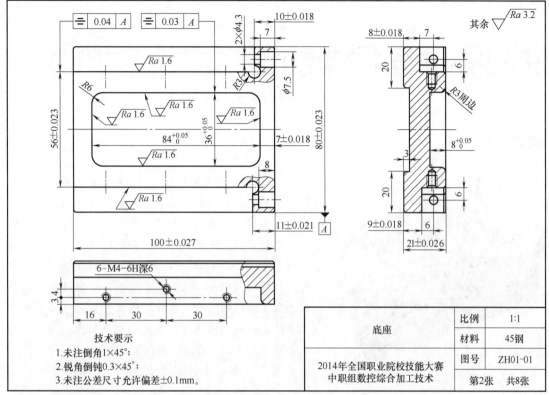

练习图纸 4

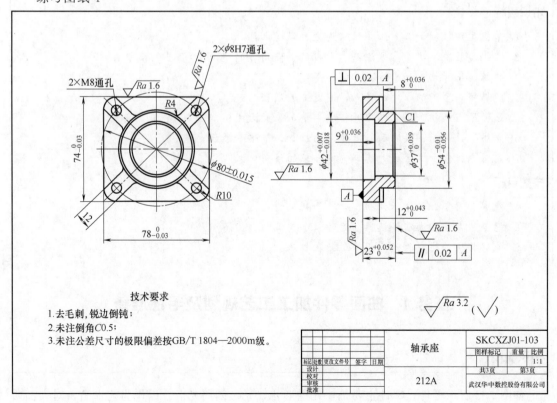

项目 7

曲面零件编程与加工

项目导入

图 7.1 模具

NX-CAM 是模具数控行业最具代表性的数控编程软件,其生成的刀路轨迹合理,切削负载均匀,程序与数模关联,主模型修改后,只需重新计算即可,编程效率非常高。目前我国模具和数控行业已经广泛地使用 NX,很多模具设计公司和制造公司都使用 NX 软件进行模具设计和加工。NX 软件为我们提供了很多的编程方法,80%的模具加工编程是用几个常用的加工方法完成的,因此,学习时一定要侧重于学习和应用常用的几个加工方法,熟练掌握。

图 7.1 为一典型的模架结构,常用数控加工。

知识目标

1. 掌握型腔铣粗加工方法:跟随周边、跟随部件;
2. 掌握型腔铣二次开粗方法:参考刀具、使用 3D、基于切削层编程方法;
3. 熟练地选择切入切出方式;
4. 能够根据型腔的零件的特点,制定工艺规程;
5. 选择恰当的粗加工、二次开粗、半精加工的方式;
6. 熟练选择平面、浅滩面、陡峭面的精加工策略和参数;
7. 熟练分析未加工区域,能够选择合理的清角方式。

技能目标

1. 能够利用型腔铣进行开粗、二次开粗编程;
2. 能够对常见曲面零件选择合适的精加工编程;
3. 能够将软件生成的代码正确运行在机床上。

任务 1 曲面零件加工工艺规划及毛坯准备

相关知识

如图 7.2 所示零件,零件主要是一元宝形状,元宝四周光滑。因作为艺术品,对表面质量要求较高,尺寸精度要求高。所以在加工过程中要合理地编排加工工艺,注意精度和光洁度的把握。

面对这样的复杂零件应当如何加工?

7.1.1 工序安排

图 7.2 元宝模型

显然,因元宝四周均需要加工,故不可能在一次装夹中完成所有的型面加工,而且元宝一面加工完成后,还缺少了装夹的位置。因此考虑留装夹工艺头将元宝主体部位加工出来,再设计特定夹具将工艺头加工掉。留有元宝的工艺头如图 7.3 所示,夹具如图 7.4 所示。

图 7.3 元宝加工工艺头

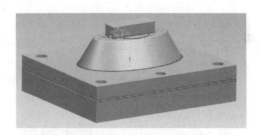

图 7.4 元宝加工夹具

按上述思路,加工元宝的工艺步骤安排如下:

【工步 1】 粗加工元宝工艺头和背面

采用"行腔铣"方式,粗铣元宝的工艺头和背面,注意必须加工至元宝圆弧半径的最深处,选用 D25R0.8 的镶块硬质合铣刀加工,一次铣削到位。

【工步 2】 精加工元宝工艺头

采用"平面铣"或"深度轮廓铣等"方式,精铣工艺头侧壁和底面。底面留有 0.25mm 加工余量。

【工步 3】 精铣元宝背部斜面

采用"深度轮廓铣"方式,精铣元宝背部斜面,选用 D16R4 刀具铣刀,一次铣削到位。

【工步 4】 粗加工元宝正面

采用"型腔铣"方式,粗加工元宝的正面,为了提高加工速度,建议选用 D25R4 的铣刀,去除大量余量。

【工步 5】 元宝正面二次开粗

根据需要,选择合适的刀具对元宝正面二次开粗或三次开粗,确保余量均匀,方便以后的精加工。

【工步 6】 精加工元宝正面

采用"固定轴轮廓铣"方式,精加工元宝的正面,采用 SR4 或 SR6 的铣刀加工。

【工步 7】 粗加工元宝工艺头并精加工底面

采用"平面铣"方式,粗加工工艺头,并精加工底面,采用 D16 的整体硬质合金刀加工。

7.1.2 工艺路线

加工工艺路线如图 7.5 所示。

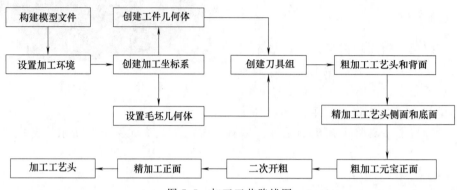

图 7.5 加工工艺路线图

7.1.3 工具卡与工艺卡填写

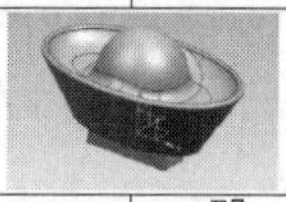

根据工艺路径，初步拟定如图 7.6 所示的加工工艺。

班级:	数控加工工序卡片	产品名称		共 页 第 页
小组:		工 序 号		工序名称
		零件图号		夹具名称
		零件名称		夹具编号
		材 料		设备名称
		程序编号		车 间
		编 制		批 准
		审 核		日 期

序号	工步工作内容	刀具		切削用量				量具	
		编号	规格	V/(m/min)	n/(r/min)	F/(mm/min)	a_p/mm	编号	名称
1	粗加工工艺头和背面	1	镶块硬质合金 D25R0.8	170	2200	1500	0.5		
2	精加工工艺头底面和侧壁	2	整体硬质合金 D16	120	2400	800	0.3		
3	精加工元宝背面形面	3	镶块硬质合金 D16R4	170	4000	2000	0.1		
4	粗加工元宝正面	4	镶块硬质合金 D25R4	170	2400	1200	0.5		
5	二次开粗	3	镶块硬质合金 D16R4	170	4000	2000	0.5		
6	三次开粗	5	整体硬质合金 SR8	80	3000	1500	0.5		
7	正面精加工	5	整体硬质合金 SR8	120	4000	1500	0.2		
8	加工工艺头	2	整体硬质合金 D16	120	2400	800	0.5		

图 7.6 数控加工工序卡

任务实施

课程任务单

实训任务 7.1	毛坯准备	
学习小组：	班级：	日期：
小组成员(签名)：		
任务描述(以小组完成) 1. 完成零件的加工工艺卡，根据加工工艺卡准备加工需要的刀具。 2. 准备本项目加工零件所需的毛坯料 1 块，要求长宽尺寸铣到位，上下余量 0.5～1mm，准备本项目夹具零件 2 块。		

续表

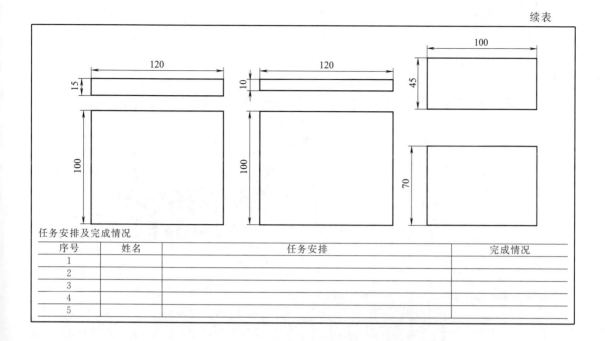

任务安排及完成情况

序号	姓名	任务安排	完成情况
1			
2			
3			
4			
5			

任务 2　曲面零件建模与加工环境设置

相关知识

7.2.1　创建元宝模型

构建曲面工件的模型，要求工件实体的最高表面位于工作坐标系的 XC-YC 基准平面上，且坐标原点在平面轮廓的对称中心点上。这样可使加工坐标系与工作坐标系保持一致性。具体方法如下。

(1) 绘制工件轮廓曲线

进入建模工作界面，先选择 XC-YC 基准平面作为草图平面，按元宝毛坯的大小要求，绘制一个椭圆，椭圆的长半径设置为 30mm，短半径设置为 15mm，如图 7.7 所示。

(2) 构建工件实体模型

① 在三维工作界面上，选择椭圆轮廓，选择拉伸，拉伸距离设置为 30mm，拔模角度设置为 −30°，拉伸完成后的实体如图 7.8 所示。

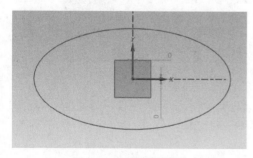

图 7.7　元宝外形椭圆

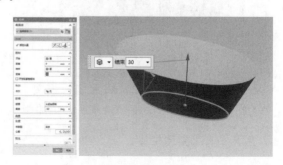

图 7.8　拉伸命令

② 选取"抽壳"命令,在"要穿透的面"一栏中选择元宝的顶面,设置抽壳厚度为 3mm;点击"确定"按钮,如图 7.9、图 7.10 所示。

图 7.9 抽壳命令

图 7.10 抽壳参数设置与模型

③ 再次选择元宝的底面拉伸,如图 7.11 所示,拉伸高度为 23mm。

④ 选择 XOZ 平面,绘制如图 7.12 所示的圆,圆的直径为 40mm,圆心距离底面的高度为 25mm,然后选择"旋转"命令,将圆绕 Z 轴旋转 360°,形成元宝中央的凸起,如图 7.12、图 7.13 所示。

⑤ 选择"面倒圆"命令,分别选择如图所示的面,圆半径 12mm,如图 7.14 所示。

⑥ 分别对各棱边导圆,倒圆后元宝模型如图 7.15 所示。

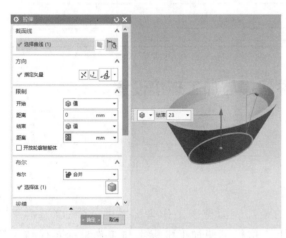

图 7.11 拉伸命令

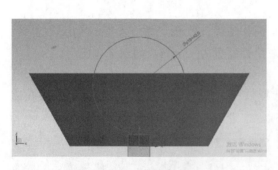

图 7.12 草图命令

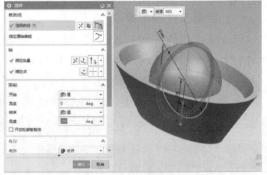

图 7.13 旋转命令

⑦ 绘制工艺头模型,将元宝模型复制一份,在新的元宝模型的底面绘制草图,如图 7.16、图 7.17 所示。拉伸该草图,拉伸距离为 8mm。

7.2.2 创建夹具模型

① 在模型的装配环境中插入底板模型,以元宝口椭圆平面为平面绘制底板的矩形轮廓,

项目7 曲面零件编程与加工

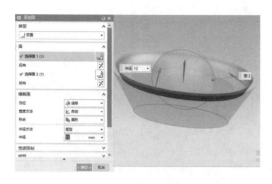

图 7.14 面倒圆命令

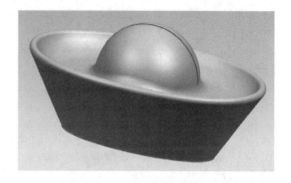

图 7.15 元宝边圆角

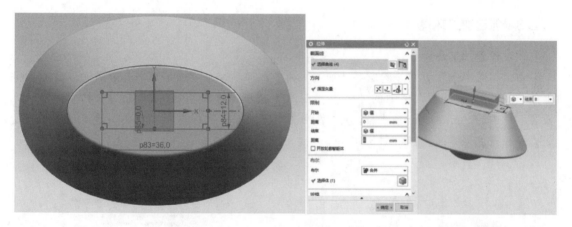

图 7.16 工艺头草图　　　　　　　　图 7.17 工艺头拉伸

矩形长 120mm，宽 100mm，如图 7.18 所示。将该矩形拉伸 15mm，如图 7.19 所示。在矩形的中央绘制孔，以躲避元宝中心的凸起，在四个角点处绘制 M8 的螺纹孔，中间两边绘制直径为 6 的销孔，如图 7.20 所示。

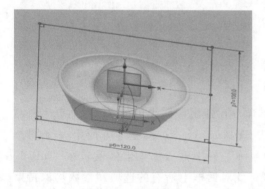

图 7.18 底板草图

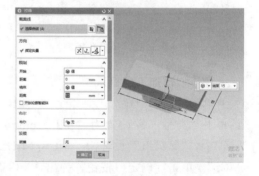

图 7.19 底板拉伸

② 在离底板平面高 1～2mm 的地方，新建平面，并绘制草图，绘制一个与底板相对应的矩形，并拉伸出 10mm，如图 7.21 所示。再利用元宝斜面建立压板的斜面，然后对应底板绘制销孔和螺纹孔，如图 7.22 所示。

图7.20 底板孔

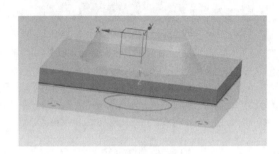

图7.21 压板拉伸

7.2.3 创建加工环境

(1) 设置加工环境

单击"菜单条"上的[起始]—[加工]命令，弹出一个"加工环境"对话框。将对话框上的"CAM 会话配置"栏中的"cam_general"选项（通用机床）选中，同时，将"CAM 设置"栏中的"mill_contour"选项（型腔铣）选中。完成设置后，单击[初始化]按钮，进入型腔铣加工界面，如图7.23所示。

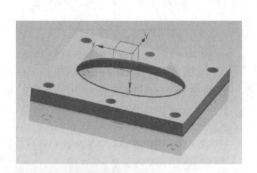

图7.22 压板孔模型

图7.23 加工环境选择

(2) 创建加工坐标系

单击"加工创建"工具条上的[创建几何体]命令，弹出"创建几何体"对话框。将对话框上"类型"栏设置为"mill_contour"（型腔铣）；选择"子类型"下面第一个图标[MCS]；"父级组"设置为"MCS_MILL"；在"名称"栏中输入加工坐标系名称"YB_I_MCS"。单击[确定]按钮，弹出"MCS"对话框。此对话框上所有的选项和参数均保持默认状态。单击此对话框上的[确定]按钮，结束加工坐标系的设置。完成创建的加工坐标系，如图7.24所示。从图中可以看出，创建的加工坐标系与工件模型上的工作坐标系完全吻合。

(3) 创建工件几何体

打开"操作导航器—几何体"窗口，选中"YB_I_MCS"选项，单击鼠标右键。在出现的快捷菜单上，选择［插入］—［几何体］命令。左键确定，弹出"创建几何体"对话框。设置选项如下：

类型：mill_contour；

子类型：WORKPIECE（工件）；

父级组：YB_I_MCS；

名称：YB_I_WORKPIECE_1。

单击［确定］按钮，弹出"工件"对话框。选择"几何体"栏下的第一个图标［部件］，并单击下面的［选择］按钮，出现"工件几何体"对话框，选中"选择选项"下面的"几何

图 7.24　创建加工坐标系

体"选项，并将"过滤方式"设定为"体"。单击［全选］按钮，会看到整个工件模型都变成红色，表示选中工件模型。单击［确定］按钮，结束创建工件几何体操作，返回到"工件"对话框，如图 7.25 所示。

（4）创建毛坯几何体

由于"工件"对话框仍然开启，可直接进行创建毛坯几何体的操作。

图 7.25　创建工件几何体

选择"几何体"下面的第二个图标［毛坯］。单击下面的［选择］命令，弹出"毛坯几何体"对话框。选择"选择选项"下面的"自动块"选项，并将自动块参数中的 XM＋、XM－、YM＋、YM－设置为"1"，ZM＋、ZM－设置为 0。如此设置表示毛坯的矩形体 XY 方向有余量 1mm，一般的毛坯会比零件加大 0.5～1mm。完成设置后，就会看到，在工件模型中出现一个包容的矩形体，这就是毛坯几何体，如图 7.26 所示。单击对话框上的［确定］按钮，结束创建毛坯几何体操作。

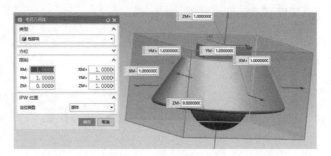

图 7.26　毛坯几何体

（5）创建刀具组

根据工序安排，本工件在立式加工中心机床上的加工，共需要 5 把刀具。每把刀具按使用的先后顺序，进行编号。具体的刀具创建过程如下：

创建 1 号刀具：D25R0.8 端铣刀。

单击"加工创建"工具条上的［创建刀具］命令，弹出"创建刀具"对话框。设置选项："类型"为"mill_contour"（型腔铣）；"子类型"为第一个图标［MILL］（铣刀）；"父级组"为"GENERIC MACHINE"（通用机床）；"名称"为"D25"，如图 7.27 所示。单击［应用］按钮，弹出"Milling Tool-5 Parameters"（5 参数铣刀）对话框。具体的刀具参数设置如下：

直径：25；

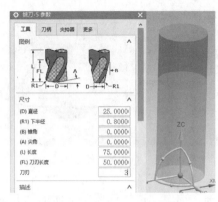

图 7.27　1 号刀具

下半径：0.8；

长度：75；

刃口长度：50；

刃数：3；

刀具号：1；

其余参数均保持默认值。单击［确定］按钮，结束 1 号刀具的创建操作，返回到"创建刀具"对话框。

参照创建 1 号刀具的方法，分别创建 2～5 号刀具。

创建 2 号刀具：D16 立铣刀，参数如下：

直径：16；

下半径：0；

长度：75；

刃口长度：50；

刃数：4；

刀具号：2；

其余参数均保持默认值。

创建 3 号刀具：D16 R6 仿形铣刀，参数如下：

直径：16；

下半径：4；

长度：75；

刃口长度：50；

刃数：2；

刀具号：3；

其余参数保持默认。

创建 4 号刀具：D25R4 仿形铣刀，其参数如下：

直径：25；

下半径：4；

长度：75；

刃口长度：50；

刃数：2；

刀具号：3；

其余参数均保持默认值。

创建 5 号刀具：SR8 球形铣刀，其参数如下：

直径：16；

下半径：8；

长度：75；

刃口长度：50；

刃数：2；

刀具号：5；

其余参数均保持默认值。单击［确定］按钮，结束5号刀具的创建操作，返回到"创建刀具"对话框。关闭此对话框，结束全部刀具的创建操作。

任务实施

课程任务单

实训任务 7.2		零件建模实训	
学习小组：	班级：		日期：
小组成员（签名）：			
任务描述（以小组完成） 参考以下图纸，也可自行安排图纸，根据本节讲的知识，完成以下任务： 1. 完成零件数模的创建； 2. 完成加工环境设置； 3. 完成加工刀具的创建。 			
任务安排及完成情况			
序号	姓名	任务安排	完成情况
1			
2			
3			
4			
5			

任务3　曲面零件编程

相关知识

7.3.1　［工步1］粗加工工艺头和背面

加工任务：用1号刀具，采用"型腔铣"方式，粗加工元宝工艺头和侧面，注意留精加工余量。

单击"加工工件"工具条上的［几何视图］图标，然后，用鼠标将"操作导航器—几何体"窗口打开。用鼠标选中"YB_I_WORKECE_1"选项，单击鼠标右键，在出现的快捷菜单上，选择［插入］—［工序］命令，弹出"创建工序"对话框。如图7.28所示，将此对

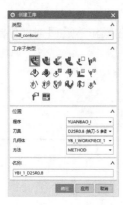

图 7.28 创建工序

话框上的选项设置如下：

类型：mill_contour；

子类型：Cavity milling（行腔铣）；

程序：YUANBAO_I；

使用几何体：YB_I_WORKPIECE_1；

使用刀具：D25R0.8（1号刀具）；

使用方法：METHOD（不指定）；

名称：YBI_1_D25R0.8（工步1）。

完成所有的选项设置后，单击［确定］按钮，进入"Cavity_milling（行腔铣）"对话框。上面有［几何体］、［工具］、［刀轴］、［刀轨设置］等选项卡，在三轴加工中，刀轴总是朝向 ZM＋方向的，［刀轴］选项卡不需要设定，在多轴加工中必须设定正确的刀轴。在［几何体］和［工具］选项卡中已经设置了相应的内容，且与前面"创建操作"对话框上的内容相同，无需再进行设置。

① 设置切削模式、步距、公共切削深度。如图 7.29 所示。

② 设置切削层。显然这里需要对加工的层位进行限制，如图 7.30 所示，最深的地方从顶面加工至 43mm 处。

③ 设置切削参数。单击［切削］按钮，弹出"切削参数"对话框。此对话框上有 5 张卡，先打开"策略"卡，设置参数如下（见图 7.31）：

切削方向：顺铣；

切削顺序：层优先；

刀路方向：自动；

其余保持默认。

在"余量"选项卡里面，设置参数如下。

图 7.29 刀轨设置

图 7.30 切削层设置

图 7.31 余量设置

在［空间范围］选项卡内，可以设置毛坯，如二次开粗等。

在［拐角］选项卡内，可以设置"拐角处的刀轨形状""圆弧进给调整""拐角减速"等，在高速加工时，这些参数比较重要，本例中保持默认。

④ 设置非切削移动参数。所谓非切削移动参数,主要是控制不切削工件时,刀具移动的参数。

单击[非切削移动参数]按钮,弹出"非切削移动"对话框。此对话框上有 5 张卡,先打开"进刀"卡,设置参数如下(见图 7.32)。

　a. 封闭区域

　进刀类型:螺旋;

　直径:90%刀具;

　斜坡角:3°,默认的 15°太大了,建议改成 3°;

　其余参数默认即可。

　b. 开放区域

　进刀类型:线性;

　长度:50%刀具;

　其余保持默认。

在[退刀]选项卡内,如图 7.33 所示设置。

在[起点/钻点]选项卡内,可以设置优先的进刀点,如图 7.34 所示,本例中保持默认即可。

图 7.32　进刀设置

图 7.33　退刀设置

⑤ 进给率和速度。选择[进给率和速度]按钮,进入进给率和速度对话框,在该页面给定主轴转速和进给率,本例中,给定主轴转速为 2500r/min,进给速率 1250mm/min,如图 7.35 所示。

⑥ 生成刀具轨迹。单击"平面铣"对话框下面的[生成]命令,系统自动计算出刀具的运行轨迹,并在工件模型中生成刀轨,如图 7.36 所示。

⑦ 检验刀轨。单击"平面铣"对话框下面的[确认]命令,弹出"可视化刀轨轨迹"对话框。打开"3D 动态"卡,单击[播放]按钮,观看 3D 状态下整个仿真切削过程。完成切削加工后的工件效果,如图 7.37 所示。

图 7.34　起点/钻点设置

图 7.35　主轴转速与进给速率设置

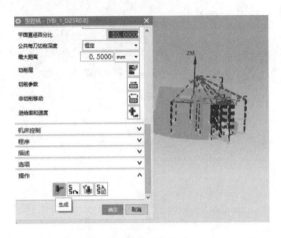 

图 7.36 刀轨生成　　　　　　　　　　图 7.37 刀轨 3D 仿真

7.3.2 [工步 2] 精加工工艺头底面和侧壁

加工任务：用 2 号刀具，采用"平面轮廓铣"方法，精加工底面和侧壁，注意精加工底面时，不要碰到侧壁，精加工侧壁时，不要碰到底面。

点击［创建工序］，打开创建工序对话框，设置如图 7.38 所示。

类型：mill_planer；

子类型：PLANAR_PROFILE（平面轮廓铣）；

程序：YUANBAO_I；

使用几何体：YB_I_WORKPIECE_1；

使用刀具：D16（2 号刀具）；

使用方法：MILL_FINISH（粗铣）；

名称：YBI_2_D16（工步 2）。

完成所有的选项设置后，单击［确定］按钮，进入"PLANAR_PROFILE"（平面轮廓铣）对话框，如图 7.39 所示。

图 7.38 创建工序　　　　　　　　　　图 7.39 平面轮廓铣设置

(1) 设置切削区域

指定"部件边界",选择工艺头底面的边线作为"部件边界",材料侧为"内侧","平面"为工艺头的底面。

指定"毛坯边界",选择元宝的椭圆底面边线作为"毛坯边界",设置平面为"用户自定义",并选择工艺头底面作为"毛坯平面",材料侧选择"内侧"。

指定"底面",选择元宝的椭圆底面作为加工的"底面",如图7.40所示。

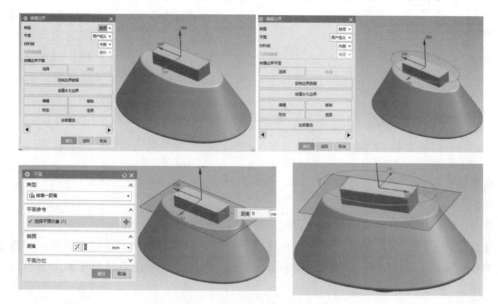

图7.40 平面轮廓铣几何体设置

(2) 刀轨设置

在"刀轨设置"选项卡里面设置如下:

切削模式:轮廓;

步距:%刀具平直;

百分比:50;

单击[切削层]按钮,弹出"切削层"对话框,选择[仅底面],如图7.41所示。

图7.41 切削模式、步距、切削层设置

单击[切削参数]按键,弹出"切削参数"对话框,选择[策略]选项卡,设置切削方向为[顺铣],其余保持默认;

单击[余量]选项卡,设置如下:

部件余量0.25;

最终底面余量为0;

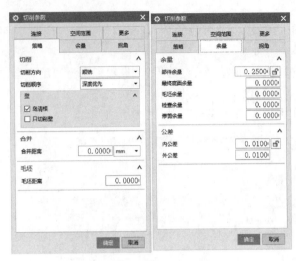

内公差 0.01；
外公差 0.01；
其余保持默认。

单击确定退出切削参数对话框。所有参数如图 7.42 所示。

单击［非切削移动］按键，弹出"非切削移动"对话框，选择［进刀］选项卡，设置开放区域进刀类型，此时加工区域全是开放区域，故可以不设封闭区域的进退刀，参数设置如下：

进刀类型：圆弧；
半径：7mm；
圆弧角度：90；
高度：3mm；

图 7.42　切削参数设置

最小安全距离：50% 刀具；
其余参数保持默认。

单击［确定］退出非切削移动对话框。所有参数如图 7.43 所示。

进给率和速度设置，单击［进给率和速度］按键，进入进给率和速度对话框；设置主轴转速为 2400r/min，进给率为 1200mm/min。单击［确定］退出进给率和速度对话框。所有参数如图 7.44 所示。

图 7.43　进刀设置

图 7.44　进给率和速度设置

(3) 生成刀具轨迹

单击"平面轮廓铣"对话框下面的［生成］命令，系统自动计算出刀具的运行轨迹，并在工件模型中生成刀轨，如图 7.45 所示。

复制 YBI_2_D16 的刀轨，并粘贴在 YUANBAO_I 的目录下，将刀轨名称更改为 YBI_3_D16；双击该刀轨，弹出相应对话框。点击［切削层］按键，将类型改为"用户定义"，每刀切削深度 2；最小切削深度 2，如图 7.46 所示。单击确定退出切削层编辑。

项目7 曲面零件编程与加工 | 171

图 7.45 生成刀轨

图 7.46 切削层设置

单击［切削参数］按键，弹出"切削参数"对话框，选择［余量］选项卡，单击［余量］选项卡，设置如下。

部件余量：0；
最终底面余量：0.01；
内公差：0.01；
外公差：0.01；
其余保持默认。

单击确定退出切削参数对话框，所有参数如图 7.47 所示。

单击"平面轮廓铣"对话框下面的［生成］命令，系统自动计算出刀具的运行轨迹，并在工件模型中生成刀轨，如图 7.48 所示。

7.3.3 ［工步 3］ 精加工元宝背面形面

加工任务：用 3 号刀具，采用"深度轮廓加工"方式，精铣元宝背面型面，一次铣削到位。

图 7.47 余量设置

图 7.48 生成刀轨

用鼠标单击［创建工序］按键，如图 7.49 所示设置参数。

类型：mill_contour；
子类型：ZLEVEL_PROFILE（型腔铣，第一行第一个图标）；
程序：YUANBAO_I；
刀具：D16R4（3 号刀具）；
使用几何体：YB_I_WORKPIECE_1；
使用方法：MILL_FINISH（精铣）；
名称：YBI_4_D16（工步 3）；

完成所有的选项设置后，单击［确定］按钮，进入"ZLEVEL_PROFILE"（深度轮廓铣）对话框。

(1) 指定切削区域

单击［切削区域］按键，弹出"切削区域"对话框，选择元宝的侧面，底面圆角，顶面圆角，如图7.50所示。单击［确定］退出选择切削区域。

点击［切削层］按键，进入"切削层"对话框，由于深度轮廓加工时按深度方向分层的，在平缓区域切削深度应小一些，故设置2层，如图7.51所示。

(2) 设置切削参数

单击［切削参数］按钮，弹出"切削参数"对话框。在［策略］选项卡内，设置切削方向为"顺铣"；在余量选项卡设置部件余量为0；内公差0.01，外公差0.01；在［连接］选项卡内设置层之间进刀方式为沿部件交叉斜进刀，斜坡角为3°。其余参数保持默认。点击［确定］，退出切削参数对话框。最后设置主轴转速4000r/min，进给1250mm/min。

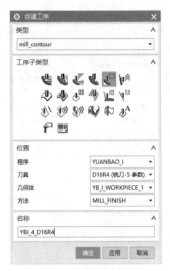

图7.49 创建工序

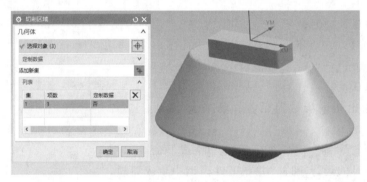

图7.50 选择切削区域

(3) 生成刀具轨迹

单击"深度轮廓铣"对话框下面的［生成］命令，系统自动计算出刀具的运行轨迹，并在工件模型中生成刀轨，如图7.52所示。

图7.51 设置切削层

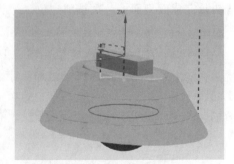

图7.52 生成刀轨

(4) 检验刀轨

选择YUANBAO_I程序组，点击"确认刀轨"按键，弹出"刀轨可视化"对话框。打开"3D 动态"卡，单击［播放］按钮，观看 3D 状态下整个仿真切削过程。完成切削加工后的工件效果，如图 7.53 所示。

7.3.4 ［工步 4］粗加工元宝正面

(1) 创建工件坐标系和几何体

根据 7.2.2 的内容，在元宝正面，球的最顶端创建坐标系，重命名为 YB_II_MCS，注意该坐标

图 7.53 校验刀轨

系的坐标，以便反面装夹后能够准确地找准对刀位置。

在坐标系 YB_II_MCS 下，创建几何体，选择元宝作为几何体，毛坯为包容块，重命名为 YB_II_WORKPIECE_1。操作结果如图 7.54 所示。

图 7.54 创建坐标系和几何体

(2) 创建工序

点击［创建程序］按键，创建名 YUANBAO_II 的程序文件，点击［创建工序］按键，采用"行腔铣"方式，粗铣元宝正面。如图 7.55 所示。设置参数如下：

图 7.55 创建工序

类型：mill_contour；

子类型：CAVITY_MILL（行腔铣）；

程序：YUANBAO_II；

使用几何体：YB_II_WORKPIECE_1；

使用刀具：D25R0.8（1 号刀具）；

使用方法：MILL_SEMI_FINISH（半精加工）；

名称：YBII_1_D25R0.8（元宝正面加工）。

(3) 设置型腔铣参数

选择元宝正面和圆角作为切削区域，如图 7.56 所示；

在［刀轨设置］选项卡内，切削模式设置为跟随周边；步距，刀具平直％；平面直径百分比，50％；公共每刀切削深度，恒定；最大距离，0.5mm；切削层保持默认；

在［切削参数］对话框中，切削方向，顺铣；切削顺序，深度优先；余量，选择底面和侧面余量一致，0.15mm；

在［非切削移动］对话框中，设置进刀类型，封闭区域，进刀类型为螺旋，斜坡角：

3°；开放区域，进刀类型为线性，其余保持默认即可；

最后设置主轴转速 2500r/min，进给率 1250mm/min。单击"生成"按键，产生刀轨如图 7.57 所示。

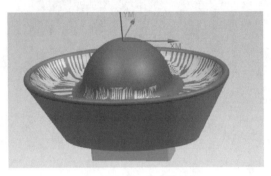
图 7.56 设置切削区域

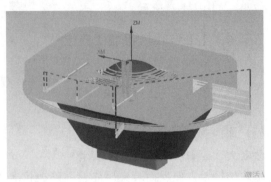
图 7.57 刀轨生成

7.3.5 ［工步 5］二次粗加工元宝正面

利用 D25R0.8 的刀具开粗后，由于刀具直径较大，一些细节地方难以加工到位，故需要利用较小的刀具继续开粗。

复制工序［YBII_1_D25R0.8］并粘贴在当前程序夹中，改名为 YBII_2_D16R4，双击打开"型腔铣"对话框。打开"切削参数"对话框，更改刀具为 D16R4，更改余量为 0.2，在"空间范围"选项卡内，选择参考刀具 D25R0.8，即刀具 D16R4 只加工刀具 D25R0.8 加工不到的地方，通过设置参考刀具，实现二次开粗。将二次开粗的余量改为比第一次开粗的余量稍大，能显著地减少无用的刀路，如图 7.58 所示。

图 7.58 二次开粗设置

单击"生成"按键，产生刀轨如图 7.59 所示。

7.3.6 ［工步 6］三次粗加工元宝正面

二次开粗后，仍然有一些细节地方无法加工完成，可以再选用更小的刀具进行三次开粗。

复制工序［YBII_2_D16R4］并粘贴在当前程序夹中，改名为YBII_3_SR4，双击打开"型腔铣"对话框。由于余量主要集中于顶面凹的部位，为了减少一些不必要的刀路，选择椭圆圆角的边线作为修建边界，修剪外侧，如图7.60所示。

更改刀具为刀具SR4，打开"切削参数"对话框，在"空间范围"选择处理中的工件为"使用基于层的"，单击"生成"按键，生成的刀路如图7.61所示。注意：在软件中，一般来说有3种二次开粗的方式，分别是"参考刀具""使用3D""使用基于层的"。可根据需要灵活选用。

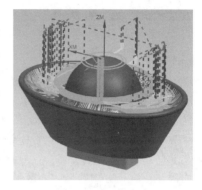

图7.59 刀轨生成

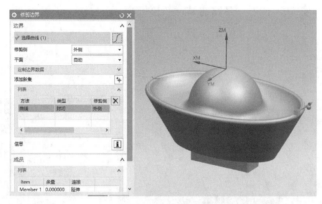

图7.60 裁剪范围

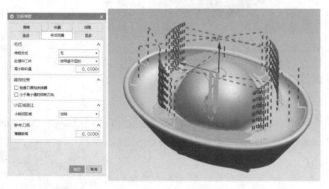

图7.61 三次开粗

7.3.7 ［工步7］精加工元宝正面

加工任务：用5号刀具，采用"固定轴轮廓铣和深度轮廓加工"方式，精铣元宝正面形面，一次铣削到位。

用鼠标单击创建工序按键，如图7.62所示设置参数：
类型：mill_contour；
子类型：FIXED_CONTOUR（固定轴轮廓铣）；

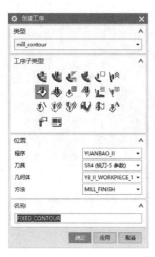

图 7.62 创建工序

程序：YUANBAO_II；
刀具：SR4（5 号刀具）；
使用几何体：YB_II_WORKPIECE_1；
使用方法：MILL_FINISH（精铣）；
名称：YBII_4_SR4（工步 7）；

完成所有的选项设置后，单击［确定］按钮，进入"FIXED_CONTOUR（固定轴轮廓铣）"对话框。

指定切削区域，选择元宝正面能够加工的所有面作为切削区域，如图 7.63 所示。

指定驱动方法为"边界"，并选择元宝的最大椭圆边线作为驱动边界，如图 7.64 所示。其余参数设置如下。

切削模式：跟随周边；
刀路方向：向外；
切削方向：顺铣；
步距：恒定；
最大距离：0.2mm。

图 7.63 指定切削区域

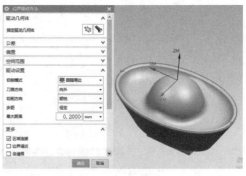

图 7.64 驱动边界

其余重要参数设置如下。
余量：0.00；
内公差：0.01；
外公差：0.01；
主轴转速：4000；
进给率：1250；

单击"生成"按键，生成的刀轨如图 7.65 所示。

在元宝正面与反面的交界地方，为避免有接刀痕迹出现，可采用"深度轮廓加工"修正圆弧过渡面。

单击"创建工序"按键，进行参数设置如图 7.66 所示：

类型：mill_contour；
子类型：ZLEVEL_PROFILE（深度轮廓加工）；
程序：YUANBAO_II；

图 7.65 生成刀轨

刀具：SR4（5号刀具）；
使用几何体：YB_II_WORKPIECE_1；
使用方法：MILL_FINISH（精铣）；
名称：YBII_5_SR4（工步7）；

完成所有的选项设置后，单击［确定］按钮，进入"ZLEVEL_PROFILE（深度轮廓铣）"对话框。

指定切削区域，选择元宝正面与反面的过渡圆弧能作为切削区域，如图7.67所示。

其余重要参数设置如下。

余量：0.00；
内公差：0.01；
外公差：0.01；
连接类型：沿部件交叉斜进刀；
斜坡角：3°；
主轴转速：4000；
进给率：1250；

图7.66 创建工序

图7.67 指定切削区域

图7.68 刀轨生成

单击"生成"按键，生成的刀轨如图7.68所示。

7.3.8 ［工步8］加工工艺头

(1) 创建工件坐标系和几何体

根据7.2.2的内容，在元宝反面，工艺头的最顶段创建坐标系，重命名为YB_III_MCS，注意该坐标系与YB_I_MCS相同。

在坐标系YB_III_MCS下，创建几何体，选择不带工艺头的元宝作为几何体，带工艺头的元宝作为毛坯，重命名为YB_III_WORKPIECE_1。操作结果如图7.69所示。

(2) 型腔铣

点击创建程序按键，创建名YUANBAO_III的程序文件，点击［创建工序］按键，采用"型腔铣"方式，粗铣元宝工艺头。如图7.70所示设置参数。

图 7.69 创建加工坐标系和几何体

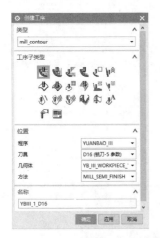

图 7.70 创建工序

类型：mill_contour；
子类型：CAVITY_MILL；
程序：YUANBAO_III；
使用几何体：YB_III_WORKPIECE_1；
使用刀具：D16（2 号刀具）；
使用方法：MILL_SEMI_FINISH（半精加工）；
名称：YBIII_1_D16（元宝工艺头加工）；
点击［确定］进入［型腔铣］对话框以后，其余重要参数设置如下。
切削模式：跟随部件；
步距：％刀具平直；
平面直径百分比：50％；
每刀切削深度：恒定；

最大距离：1.0mm；
底面余量：0.25；
内公差：0.03；
外公差：0.03；
主轴转速：3000；
进给率：1500；
单击"生成"按键，生成的刀轨如图 7.71 所示。

(3) 使用边界面铣

点击［创建工序］按键，采用"使用边界面铣"方式，精加工元宝的底面。如图 7.72 所示设置参数。

类型：mill_planar；
子类型：FACE_MILLING（使用边界面铣）；
程序：YUANBAO_III；
使用几何体：YB_III_WORKPIECE_1；
使用刀具：D16（2 号刀具）；
使用方法：MILL_FINISH（精加工）；
名称：YBIII_2_D16（元宝工艺头精加工）。
点击确定进入［面铣］对话框以后，其余重要参数设置如下。
指定面边界：选择元宝的底面椭圆作为面边界；
切削模式：跟随周边；

项目7 曲面零件编程与加工 | 179

图 7.71 生成刀轨

图 7.72 创建工序

步距：%刀具平直；

平面直径百分比：50%；

每刀切削深度：0.00（表示只铣一刀）；

底面余量：0.0；

内公差：0.01；

外公差：0.01；

主轴转速：3000；

进给率：1500；

单击"生成"按键，生成的刀轨如图 7.73 所示。

图 7.73 刀轨生成

任务实施

课程任务单

实训任务 7.3		曲面零件自动编程实训	
学习小组：	班级：		日期：
小组成员(签名)：			
任务描述(以小组完成) 参考下图，也可自行设计其他图形，利用 UG 软件，编写加工刀路轨迹，进行 3D 动态仿真，确保走刀无误。			
任务安排及完成情况			
序号	姓名	任务安排	完成情况
1			
2			
3			
4			
5			

任务 4 曲面零件仿真及加工

相关知识

7.4.1 程序后处理

根据编写的刀轨文件,选择合适的后处理程序,生成机床代码程序,如图 7.74 所示。

名称	修改日期	类型	大小
O1	2018/5/3 14:33	NC 文件	114 KB
O2	2018/5/3 13:56	NC 文件	46 KB
O3	2018/5/3 14:07	NC 文件	122 KB

图 7.74 程序后处理

7.4.2 程序仿真

为了确保程序的正确性,可以借助第三方软件,例如 vericut 等数控专业仿真软件,对生成的代码进行仿真,如图 7.75 所示。

7.4.3 准备数控加工程序卡

如图 7.76 所示准备数控加工工序卡。

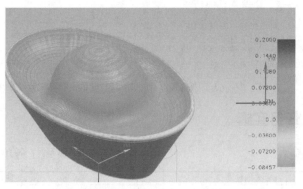

图 7.75 程序仿真

数控加工程序卡

零件图号:		零件名称:		班级:		编制:	
程序号:		数控系统:		小组:		日期:	
工序号				程序名			
第一次装卡				顶面对刀			
工步 1~工步 3:粗精加工元宝背面				O1.NC			
第二次装卡				注意对刀位置,保证工件坐标系位置正确			
工步 4~工步 7:粗精加工元宝背面				O2.NC			
第三次装卡				采用工装装夹,对刀工艺头顶面			
工步 8:粗精加工元宝工艺头				O3.NC			

图 7.76 数控程序加工工序卡

任务实施

课程任务单

实训任务 7.4	曲面零件仿真加工	
学习小组：	班级：	日期：
小组成员(签名)：		

任务描述(以小组完成)

参考下图，也可自行设计其他图形，整理好程序，并通过仿真软件验证程序无误后，通过 CF 卡或 U 盘等媒介将程序拷入机床。一次完成以下工作：(1)装卡工件；(2)准备刀具；(3)对刀；(4)调用程序加工；(5)尺寸检验。

任务安排及完成情况

序号	姓名	任务安排	完成情况
1			
2			
3			
4			
5			

思 考 题

1. 如何"使用 3D"进行二次开粗？
2. 在什么情况下需要使用"使用 3D"进行二次开粗？
3. 二次开粗应该注意哪些问题？
4. 如何使用修剪边界？
5. 深度轮廓铣有几种进刀方式？
6. 如何设置进刀点？
7. 等高轮廓加工应注意哪些问题？
8. 使用固定轴轮廓铣应注意哪些问题？

项目8

数控铣编程与加工综合训练

项目导入

刀路优化

由于数控加工是很多产品制造的最后一个流程,所以绝不能因大意而造成损失。加工前,必须认真检查刀路,防止过切和撞刀等情况的发生。另外,企业之间竞争日趋剧烈,为了提高利润,则必须提高加工效率,所以要求编程者编出的程序在保证安全的前提下,应做到效率最高。作为数控编程人员,必须懂得根据零件的特征判别所适合的刀路类型及选择型腔铣刀路、深度轮廓铣刀路、平面刀路还是轮廓区域刀路,另外,还需要懂得什么是好的刀路,刀路有何作用等。

如图 8.1 所示为一种烟灰缸精加工刀路。

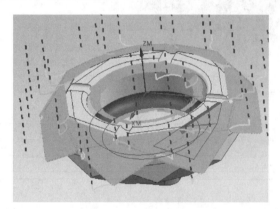

图 8.1 烟灰缸刀轨图

知识目标

1. 掌握零件的翻面加工加工方法;
2. 掌握零件机床测量相关知识;
3. 熟练编程加工形状较复杂并有精度要求的零件;
4. 掌握配合组件确定工艺路线、装夹方案、切削用量;
5. 熟练掌握编制工艺文件,自动编程并编制程序清单的知识。

技能目标

1. 能够加工形状较复杂并有精度要求的零件;
2. 能够正确确定工艺路线、装夹方案、切削用量;
3. 能够编制工艺文件,编程并编制程序清单;
4. 能够对刀,加工工件;
5. 能够在线测量尺寸,调整程序,达到精度要求。

任务 1　判断刀路的好坏

相关知识

8.1.1　合理划分工序

(1) 工序划分的原则

工序的划分可以采用两种不同原则，即工序集中原则和工序分散原则。

① 工序集中原则。指每道工序包括尽可能多的加工内容，从而使工序的总数减少。采用工序集中原则的优点是：有利于采用高效的专用设备和数控机床，加工中心提高生产效率；减少工序数目，缩短工艺路线，简化生产计划和生产组织工作；减少机床数量、操作工人数和占地面积；减少工件装夹次数，不仅保证了各加工表面间的相互位置精度，而且减少了夹具数量和装夹工件的辅助时间。但专用设备和工艺装备投资大，调整维修比较麻烦，生产准备周期较长，不利于转产。

② 工序分散原则。工序分散就是将工件的加工分散在较多的工序内进行，每道工序的加工内容很少。采用工序分散原则的优点是：加工设备和工艺装备结构简单，调整和维修方便，操作简单，转产容易；有利于选择合理的切削用量，减少机动时间。但工艺路线较长，所需设备及工人人数多，加工中心占地面积大。

(2) 工序划分的方法

工序划分主要考虑生产纲领、所用设备及零件本身的结构和技术要求等。大批量生产时，若使用多轴、多刀的高效加工中心，可按工序集中原则组织生产；若在由组合机床组成的自动线上加工，工序一般按分散原则划分。随着现代数控技术的发展，特别是车铣加工中心的应用，工艺路线的安排更多地趋向于工序集中。单件小批量生产时，机床配件通常采用工序集中原则。成批生产时，可按工序集中原则划分，也可按工序分散原则划分，应视具体情况而定。对于结构尺寸和质量都很大的重型零件，应采用工序集中原则，以减少装夹次数和运输量。加工中心对于刚性差、精度高的零件，应按工序分散原则划分工序。机床配件在数控铣床上加工零件，一般应按工序集中的原则划分工序，在一次安装下尽可能完成大部分甚至全部表面的加工。根据零件的结构形状不同，选择合适的装夹方式，力求设计基准、工艺基准和编程原点统一。在批量生产中，常用下列两种方法划分工序。

① 按零件加工表面划分。将位置精度要求较高的表面安排在一次安装下完成，以免多次安装所产生的安装误差影响位置精度；

② 按粗、精加工划分。对毛坯余量较大和加工精度要求较高的零件，应将粗铣和精铣分开，划分成两道或更多的工序，将粗铣安排在精度较低、加工功率较大的数控机床上，将精铣安排在精度较高的数控机床上。

加工顺序的安排原则：

① 同一定位装夹方式或用同一把刀具的工序，最好相邻连续完成；

② 如一次装夹进行多道加工工序时，则应考虑把对工件刚度削弱较小的工序安排在先，以减小加工变形；

③ 上道工序应不影响下道工序的定位与装夹；

④ 先内型内腔加工工序，后外形加工工序。

8.1.2 判别刀路的类型与作用

(1) 型腔铣开粗刀路

型腔铣刀路多用于开粗，主要作用是去除工件上的大部分余量，所以只要刀具能够到达的地方，都会产生刀路轨迹，如图 8.2 所示。

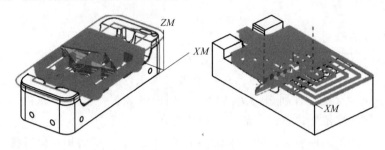

图 8.2 型腔铣开粗刀路

(2) 型腔铣二次开粗刀路

为了提高加工效率，编程时常用直径较大的刀具开粗，如果零件内部结构复杂，使用大刀开粗以后会留下很多剩余材料，此时需要用较小的刀具进行二次开粗，去除狭窄处的余量，如图 8.3 所示。

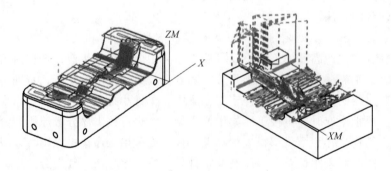

图 8.3 型腔铣二次开粗刀路

(3) 深度轮廓加工

深度轮廓加工主要用于零件中陡峭区域的半精加工和精加工，其特点是每层刀路的深度都是相等的，如图 8.4 所示。

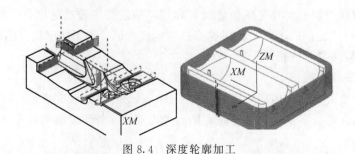

图 8.4 深度轮廓加工

(4) 平面铣加工刀路

平面铣加工刀路主要是用于平面的加工,刀路形状简单且加工效率高,如图 8.5 所示。

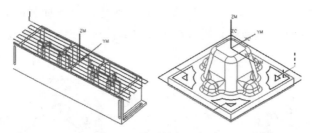

图 8.5 平面铣加工刀路

(5) 区域轮廓铣刀路

区域轮廓铣刀路主要用于零件中平缓曲面的半精加工和精加工,其刀路的形状沿着曲面的形状走,切刀路在曲面上的空间距离保持相等,如图 8.6 所示。

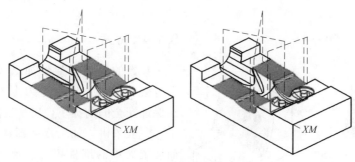

图 8.6 区域轮廓铣加工刀路

8.1.3 判断进刀、退刀、横越

编程人员应该懂得判别刀路的好坏,进刀、退刀和横越是刀路中最基本的元素,必须要确保正确无误。

(1) 进刀

进刀主要分为螺旋进刀、圆弧进刀和沿斜线进刀等,也分由内向外进刀和由外向内进刀,总之是根据工件的结构特点设置不同的进刀方式。在编程时,应避免在工件的狭缝处和余量多的地方进刀,否则容易损坏刀具和撞刀,如图 8.7 所示。

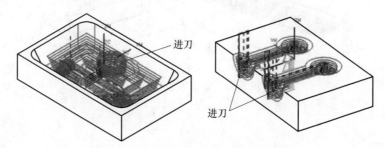

图 8.7 封闭区域进刀和开放区域进刀

(2) 退刀

退刀就是刀具从最终切削位置到退刀点之间的运动,和进刀相反,如图 8.8 所示。

(3) 横越

横越就是刀具从一个加工区域向另一个加工区域作水平非切削的运动。如果不设置移刀速度的话，横越往往以 G00 的速度运行，因此必须清楚地知道横越时刀具的轨迹，避免撞刀，一般需要在安全平面以上横越，不可在工件内部快速移刀，如图 8.9 所示。

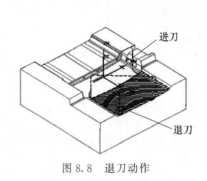

图 8.8 退刀动作

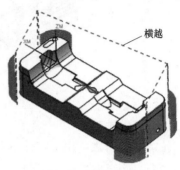

图 8.9 横越动作

8.1.4 提刀

频繁的提刀将导致加工效率降低，而且有时会在工件上留下进刀退刀的痕迹，因此在保证安全的前提下，应尽量减少提刀。

一般来讲，加工复杂部件提刀会比较多，而加工简单的部件提刀会比较少。另外单向切削会提刀很多，双向切削会提刀较少，"跟随周边"的加工方式往往比"跟随部件"的提刀少，如图 8.10 所示。

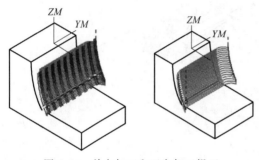

图 8.10 单向加工和双向加工提刀

8.1.5 过切

生成刀轨后，首先需要检查刀轨是否会造成过切。一般情况下，如果加工参数没有设置错误，不容易出现过切现象，但在平面加工和流道加工时，极容易出现过切现象，如图 8.11 所示。

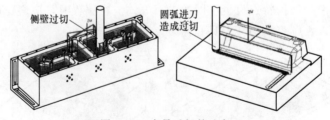

图 8.11 容易过切的地方

8.1.6 欠切

编程时要做到目的明确，根据生成的刀路来确定工件中哪些部位没有加工到，从而考虑是否需要进行二次开粗、多次开粗和半精加工等。如果疏忽了一些地方漏加工，则可能在精加工时撞刀，常常采用将视图改为"静态线框"的方式去查看加工是否到位，如图 8.12 所示。

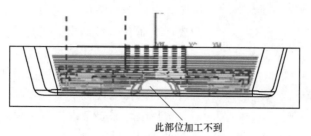

图 8.12 通过静态线框查看是否欠切

任务实施

课程任务单

实训任务 8.1		烟灰缸毛坯准备	
学习小组：	班级：		日期：
小组成员(签名)：			

任务描述(以小组完成)

1. 准备本项目加工零件所需的毛坯料 2 块,要求长宽尺寸铣到位,厚度约 40mm,上下余量 0.5~1mm。

任务安排及完成情况

序号	姓名	任务安排	完成情况
1			
2			
3			
4			
5			

任务 2 加工工艺定制及模型创建

相关知识

8.2.1 加工工艺

如图 8.13 所示为本项目示例零件,该工件上下表面均需加工,上表面有圆柱腔,腔有

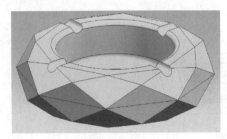

圆角，有四个半圆槽。侧壁全由三角形和平行四边形围成，下面有圆形凸台。工件需要反面加工，反面加工精度要求高，尺寸精度要求高。所以在加工过程中要合理地编排加工工艺，注意精度和光洁度的把握。

图 8.13　烟灰缸效果图

(1) 选择毛坯

选择毛坯需要考虑以下两项因素：

① 加工余量：加工过程中从加工表面切去材料层厚度。

② 工序余量：某一表面在某一工序中所切去的材料层厚度。

影响工序余量的因素有：

① 上一工序产生的表面粗糙度 Rz 和表面缺陷层深度 Ha。

② 上一工序留下的需要单独考虑的空间误差。

③ 本工序的装夹误差。

考虑到毛坯和装夹，我们选用 90mm×90mm 的方料或 95mm×95mm 的圆料。由于两面都需要加工，考虑到使用平口虎钳装夹工件，故应该留有装夹工艺头。因此初步加工方案如表 8.1 所示。

表 8.1　烟灰缸初步加工方案

序号	装夹部位	加工部位
1	毛坯料	加工工艺头和下表面
2	工艺头	加工上表面和型腔
3	工件	去掉加工工艺头和底面

(2) 填写工序卡

经分析，采用如图 8.14 所示的加工工序。

班级：		数控加工工序卡片		产品名称		共　页	第　页
小组：				工序号		工序名称	
				零件图号		夹具名称	
				零件名称		夹具编号	
				材料		设备名称	
				程序编号		车间	
				编制		批准	
				审核		日期	

序号	工步工作内容	刀具		切削用量				量具	
		编号	规格	$V/(m/min)$	$n/(r/min)$	$F/(mm/min)$	a_p/mm	编号	名称
1	粗加工工艺头和外形	1	镶块 D25R0.8	170	2200	1500	0.5		
2	精加工工艺头底面和侧壁	2	整体硬质合金 D16	120	2400	1000	0.2		
3	精加工外形面	3	镶块 D16R4	170	4000	2000	0.2		
4	粗加工	1	镶块 D25R0.8	170	220	1500	0.5		
5	精加工顶平面、圆腔底、侧壁	2	整体硬质合金 D16	120	2400	1000	0.2		
6	精加工圆弧、侧壁面	3	镶块 D16R4	170	4000	2000	0.2		
7	加工放烟槽	4	整体硬质合金 SR3	80	4000	800	0.3		
8	粗加工	1	镶块 D25R0.8	170	2200	1500	0.5		
9	精加工	3	镶块 D16R4	170	4000	2000	0.2		

图 8.14　加工工序

8.2.2 烟灰缸建模

建模思路：有点→线→面→体。

(1) 创建顶点

通过等分点或 8 边形的方式作出烟灰缸的棱边顶点，如图 8.15 所示。

(2) 由点到线

通过创建的等分点创建三维直线，只需能围成 3 个面即可，如图 8.16 所示。

(3) 由线到面

使用"有界平面"命令，将选择上述直线作为边线，作出三个平面，如图 8.17 所示。

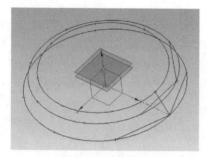

图 8.15 创建烟灰缸顶点

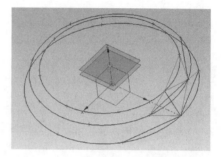

图 8.16 由顶点创建烟灰缸边线

(4) 阵列平面

通过阵列这三个平面，使平面围成一圈，如图 8.18 所示。

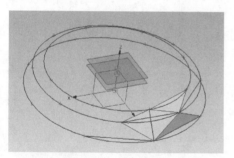

图 8.17 由线创建面

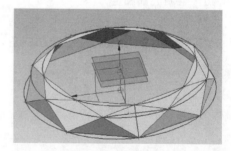

图 8.18 阵列平面

(5) 封闭底面

使用"有界平面"命令，选择曲面的边线作为边界线，创建底面，如图 8.19 所示。

(6) 镜像

使用"镜像特征"命令，通过镜像操作绘制出烟灰缸的另一半面，此时虽然所有面都围起来了，但它还是片体，而不是实体，如图 8.20 所示。

(7) 缝合为体

使用"缝合"命令，将上述封闭的片体缝合成体，做完此操作后得到一个实体，通过在该实体上拉伸或切除绘制完整的烟灰缸模型，如图 8.21 所示。

(8) 烟灰缸内腔绘制

通过"拉伸"命令，在实体的一个端面绘制一个圆，通过"拉伸—减去"命令绘制烟灰缸的内腔，再通过"圆角"命令绘制圆角，如图 8.22 所示。

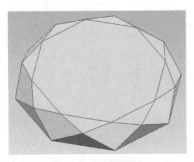
图 8.19 创建底面

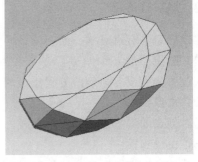
图 8.20 通过镜像绘制烟灰缸另一半

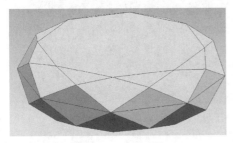
图 8.21 缝合成体

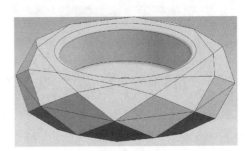
图 8.22 烟灰缸内腔及圆角绘制

(9) 半圆槽

在烟灰缸的合适位置，绘制如图 8.23 所示的放烟槽。至此，烟灰缸模型创建完成。

(10) 绘制底部圆台

在烟灰缸的另一面，绘制一个合适的圆环，通过"拉伸"命令，在实体的一个端面绘制一个圆台，再通过"圆角"命令绘制圆角，如图 8.24 所示。

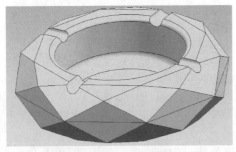
图 8.23 绘制放烟槽

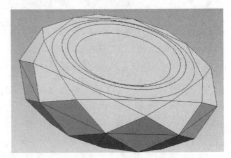
图 8.24 绘制底部圆台

任务实施

课程任务单

实训任务 8.2	烟灰缸模型创建实训	
学习小组：	班级：	日期：
小组成员(签名)：		

续表

任务描述（以小组完成）
参考下图，根据自己的情况，确定自己图形形状和尺寸，自己发挥绘制图形，但需完成以下任务：
1. 完成零件数模的创建；
2. 完成加工环境设置；
3. 完成加工刀具的创建。

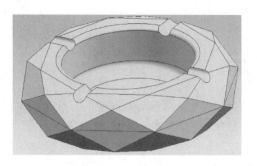

任务安排及完成情况

序号	姓名	任务安排	完成情况
1			
2			
3			
4			
5			

任务 3　烟灰缸编程

相关知识

8.3.1　第一次装夹编程

(1) 工步 1——粗加工工艺头和底面

用 1 号刀具，利用型腔铣的方法，粗加工工艺头和底面，合理设置加工区域和加工参数，生成的刀轨如图 8.25 所示。

(2) 工步 2——精加工工艺头底面和侧壁

用 2 号刀具，利用深度轮廓铣的方法，精加工工艺头的底面和侧壁，合理设置加工区域和加工参数，生成的刀轨如图 8.26 所示。

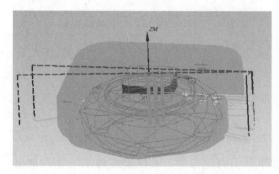

图 8.25　粗加工工艺头和底面

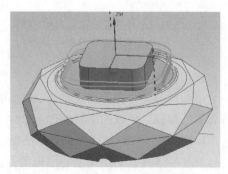

图 8.26　精加工工艺头底面和侧壁

(3) 工步 3——精加工外形面

用 3 号刀具，利用深度轮廓铣的方法，精加工烟灰缸的外形面，合理设置加工区域和加工参数，生成的刀轨如图 8.27～图 8.29 所示。

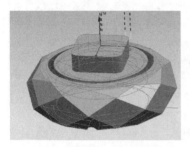
图 8.27 精加工底面圆弧

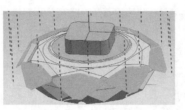
图 8.28 精加工大侧壁

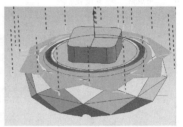
图 8.29 精加工小侧壁

8.3.2 第二次装夹编程

(1) 工步 4——粗加工正面

用 1 号刀具，利用型腔铣的方法，粗加工烟灰缸的正面，合理设置加工区域和加工参数，生成的刀轨如图 8.30 所示。

(2) 工步 5——精加工正面上表面、内侧壁、底面、竖直侧壁面

用 2 号刀具，利用平面铣削的方法，精加工正面上表面、内侧壁、底面、竖直侧壁面，合理设置加工区域和加工参数，生成的刀轨如图 8.31 所示。

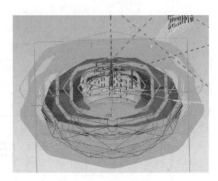
图 8.30 正面粗加工

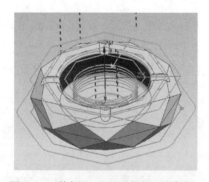
图 8.31 精加工正面上表面、内侧壁、底面、竖直侧壁面

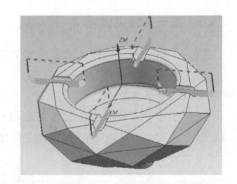
图 8.32 放烟槽加工

(3) 工步 6——放烟槽加工

用 4 号刀具，利用固定轴轮廓铣方法中的曲线驱动方式，加工放烟槽，合理设置加工区域和加工参数，生成的刀轨如图 8.32 所示。

(4) 工步 7——精加工正面侧壁面

用 3 号刀具，利用深度轮廓铣的方法，精加工正面侧壁面，合理设置加工区域和加工参数，生成的刀轨如图 8.33 所示。

8.3.3 第三次装夹加工

(1) 工步 8——粗加工工艺头

用 1 号刀具，利用型腔铣的方法，将工艺头加工掉，合理设置加工区域和加工参数，生成的刀轨如图 8.34 所示。

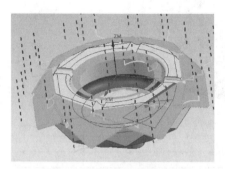

图 8.33 精加工正面侧壁面

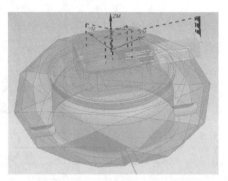

图 8.34 粗加工工艺头

(2) 工步 9——精加工底面

用 3 号刀具，利用深度轮廓铣的方法，精加工烟灰缸的底面，合理设置加工区域和加工参数，生成的刀轨如图 8.35 所示。

8.3.4 刀轨仿真

全部程序编制完成后，选中总文件夹，点击确认刀轨按钮，可以对整个加工过程进行仿真，如图 8.36 所示。

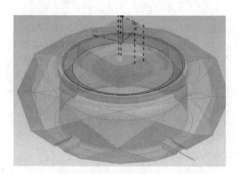

图 8.35 底面精加工

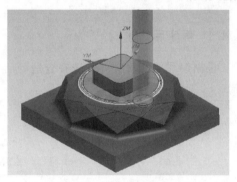

图 8.36 刀轨仿真

任务实施

课程任务单

实训任务 8.3		数控铣自动编程实训	
学习小组：	班级：		日期：
小组成员(签名)：			

续表

任务描述(以小组成员均需完成)
参考下图,也可自行设计其他图形,利用 UG 软件,编写加工刀路轨迹,进行 3D 动态仿真,确保走刀无误。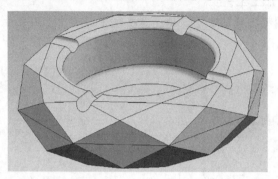

任务安排及完成情况

序号	姓名	任务安排	完成情况
1			
2			
3			
4			
5			

任务 4　零件仿真及加工

相关知识

8.4.1　程序后处理

根据编写的刀轨文件,选择合适的后处理程序,生成机床代码程序,如图 8.37 所示。

O1	2018/5/3 14:33	NC 文件	114 KB
O2	2018/5/3 13:56	NC 文件	46 KB
O3	2018/5/3 14:07	NC 文件	122 KB
O4	2018/5/3 13:59	NC 文件	126 KB
O5	2018/5/9 13:57	NC 文件	30 KB
O6	2018/5/3 14:00	NC 文件	6 KB

图 8.37　程序后处理

8.4.2　程序仿真

为了确保程序的正确性,可以借助第三方软件,例如 vericut 等数控专业仿真软件,对生成的代码进行仿真。

8.4.3　准备数控加工程序卡

如图 8.38 所示,准备数控加工工序卡。

数控加工程序卡

零件图号:		零件名称:		班级:		编制:	
程序号:		数控系统:		小组:		日期:	
工序号				程序名			
装卡				露出虎钳 30mm 以上，顶面对刀			
工步 1：粗加工工艺头和底面 D25R4				01.NC			
工步 2：精加工工艺头和底平面 D16				02.NC			
工步 3：精加工底面侧面 D16R4				03.NC			
换卡				重新对刀（Z 零点离底面 36mm）			
工步 4：粗加工正面 D25R4				04.NC			
工步 5：精加工正面上表面、内侧壁、底面、竖直侧壁面 D16				05.NC			
工步 6：开槽 SR3				06.NC			
工步 7：精加工正面侧壁面 D16R4				07.NC			
换卡				从新对刀			
工步 8：粗加工工艺头 D25R4				08.NC			
工步 9：精加工底面 D16R4				09.NC			

图 8.38 数控程序加工工序卡

任务实施

课程任务单

实训任务 8.4	数控铣自动编程综合实训		
学习小组	班级:		日期:
小组成员(签名):			

任务描述(以小组完成)

参考下图，也可自行设计其他图形，整理好程序，并通过仿真软件验证程序无误后，通过 CF 卡或 U 盘等媒介将程序拷入机床。依次完成以下工作：(1)装卡工件；(2)准备刀具；(3)对刀；(4)调用程序加工；(5)尺寸检验。

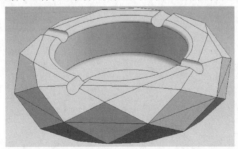

任务安排及完成情况

序号	姓名	任务安排	完成情况
1			
2			
3			
4			
5			

思 考 题

1. 对于工件如何确定毛坯大小？
2. 根据所加工工件如何选择刀具大小？
3. 确定加工工艺一般满足哪些原则？
4. 利用 UG 软件编程的一般步骤都有哪些？
5. 毛坯规方的工序都有哪些？
6. 毛坯规方时如何利用百分表找正工件？
7. 规方时如何控制尺寸精度？
8. 标准刀具对刀方法的步骤？
9. 标准刀具对刀后更换刀柄上的刀具，需要重新对刀吗？
10. 对好刀具后，工件换夹，这时候如何对刀？
11. 程序执行时应注意些什么？
12. 如何利用百分表精确测量工件高度？
13. 工件反面后应根据实际情况确定 Z 轴的零点，如何确定？
14. 加工最后一道工序的时候，装夹后如何重新对刀？

项目9

数控多轴编程与加工

项目导入

多轴加工技术

随着数控技术的发展,多轴数控加工中心正在得到越来越为广泛的应用。它们的最大优点就是使原本复杂零件的加工变得容易了许多,并且缩短了加工周期,提高了表面的加工质量。

图9.1展示了常见的多轴加工零件。

图 9.1 多轴加工零件

知识目标

1. 了解高速、多轴加工工艺基础理论;
2. 掌握 UG 的多轴曲面刀具路径的建立,并合理设置刀具路径各项参数以满足高速机床的编程加工;
3. 掌握型腔的多轴编程知识;
4. 掌握前倾/侧倾、朝向点、自点、朝向直线、自直线、朝向曲线、自曲线、固定方向、自动等刀轴指向控制的方法;
5. 掌握投影适量的用法;
6. 了解制作五轴后处理的方法。

> **技能目标**
>
> 1. 能够对五轴机床基本操作；
> 2. 能够在五轴数控机床上正确对刀，建立工件坐标系；
> 3. 能够在正确选择多轴数控机床的刀具、夹具；
> 4. 能够手工编写简单的四轴、五轴程序加工一些简单零件；
> 5. 能够利用 CAM 软件，编写简单的多轴联动加工程序。

任务 1　多轴加工认知

相关知识

9.1.1　多轴加工的优势

① 可以一次装夹完成多面多方位加工，从而提高零件的加工精度和加工效率。

② 由于多轴机床的刀轴可以相对于工件状态而改变，刀具或工件的姿态角可以随时调整，所以可以加工更加复杂的零件。

③ 具有较高的切削速度和切削宽度，使切削效率和加工表面质量得以改善。

④ 多轴机床的应用，可以简化刀具形状、从而降低刀具成本。

⑤ 在多轴机床上进行加工时，工件夹具较为简单。

9.1.2　四轴联动机床

特点：数控四轴联动机床有三个直线坐标轴和一个旋转轴（A 轴或 B 轴），并且四个坐标轴可以在计算机数控（CNC）系统的控制下同时协调运动进行加工，如图 9.2 所示。

图 9.2　四轴联动机床

9.1.3　五轴联动机床

为了满足复杂零件的加工要求，需要将刀具按照一定的姿态沿特定的轨迹进行运动从而形成所需要的几何特征。

① 空间刚体具有三个平动自由度和三个转动自由度。

② 通过三个平动坐标和两个旋转坐标，就可以表示刀具相对于工件的位置与姿态。

③ 通过 X，Y，Z 三个正交坐标，可以确定刀具在空间中的任意位置。

④ 通过两个旋转轴的调整，可以确定刀轴的任意倾角。

⑤ 五个坐标实现定位和定姿。

(1) 五轴机床结构

① 双摆头结构，如图 9.3 所示。

② 双转台结构，如图 9.4 所示。

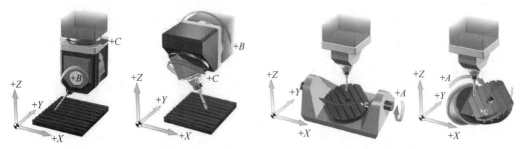

图 9.3 双摆头五轴机床　　　　　　图 9.4 双转台五轴机床

③ 一摇一摆结构，如图 9.5 所示。

(2) 五轴加工的可实现的技术特点

① 主轴速度和刀具具有非常高的刀尖线速率。
② 小步距，更多的加工步骤。
③ 恒定的切削负载和切削量。
④ 避免切削方向的突然变化。
⑤ 减少数控机床的加工时间和成本。
⑥ 改进曲面精加工质量，减少或省去手工打磨工序。
⑦ 直接加工高硬度材料。
⑧ 减少电火花加工。

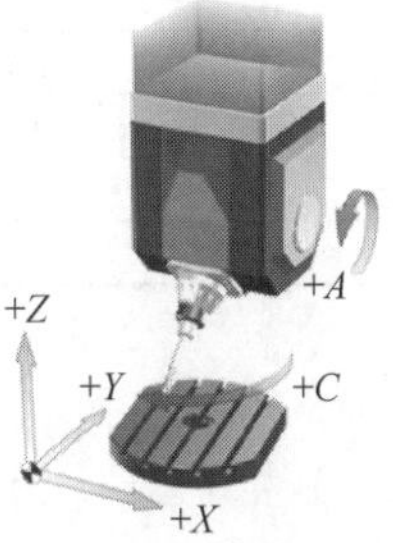

图 9.5 一摇一摆五轴机床

(3) 五轴加工坐标系

在多轴加工机床中，旋转轴的命名如图 9.6、图 9.7 所示规定。五轴机床包含 3 个线性轴（linear axis）+2 个旋转轴（rotary axis）。

旋转轴平行于	轴名
X	A
Y	B
Z	C

图 9.6 多轴轴名规定　　　　　图 9.7 五轴轴名规定

任务实施

课程任务单

实训任务 9.1	多轴数控铣床基本操作	
学习小组：	班级：	日期：
小组成员(签名)：		

续表

任务描述(小组成员均需完成)

熟悉多轴加工机床,了解其坐标系规定;掌握多轴机床的基本操作,按项目表单依次完成操作。注意,5轴运行时工件跟随转台旋转容易发生碰撞,碰撞点包括:后立柱、前门、刀具与主轴等。

序号	操作项目	操作步骤	完成情况
1	开机、关机		
2	返回参考点		
3	切换显示界面		
4	切换运行方式		
5	主轴转动		
6	相对坐标清零		
7	手动、手轮运动 XYZ 轴		
8	手动、手轮运动 AC 轴		
9	MDI 简单运行		
10	程序的新建与保存执行		

任务 2 五轴加工技术与对刀

相关知识

9.2.1 五轴数控机床加工方式

(1) 三轴加工

刀轴矢量沿着整个切削路径过程始终不变,如图 9.8 所示,控制路径轴 X、Y、Z。

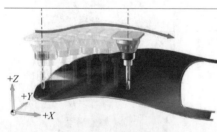

图 9.8 三轴加工

(2) 3+2 轴加工

刀轴矢量可改变,但固定后沿着整个切削路径过程不变,如图 9.9 所示。控制路径轴 X、Y、Z 参与旋转轴 A(B)、C。

(3) 五轴联动加工

整个切削路径过程刀轴矢量可根据要求而改变,如图 9.10 所示。控制路径轴 X、Y、Z 控制旋转轴 A(B)、C。

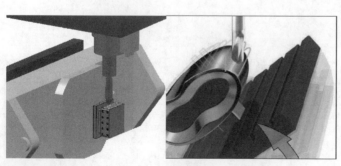

图 9.9 3+2 轴加工

图 9.10 五轴联动加工

相对于三轴加工，五轴联动加工的特点

① 一次装夹完成三轴加工多次装夹才能完成的加工内容，如斜顶、滑块和电极。

② 用更短的刀具伸长加工陡峭侧面，提高加工的表面质量和效率。

③ 直纹面或斜平面可充分利用刀具侧刃和平刀底面进行加工，加工的效率和质量更高。

④ 五轴加工和高速加工结合，使模具加工逐步告别放电加工，并改变模具的零部件和制造工艺，大大缩短模具制造周期。

9.2.2 五轴加工工件

如图 9.11 所示，五轴数控机床能够加工非常复杂的零件。

9.2.3 五轴加工的基本步骤

由于五轴数控机床加工的零件复杂，刀路复杂，在零件翻滚过程中容易发生碰撞等原因，五轴机床加工零件一般需要经历，精确的数模［计算机辅助设计（CAD）］->复杂的编程（计算机辅助制造（CAM））-机床仿真

图 9.11 五轴常见部件

［1 比 1 数控机床计算机仿真（PP）］-数控机床加工（CNC）。

(1) CAD——精准的几何模型

精确的几何模型是工件几何特征的精确描述，是优良加工策略的数据源泉，是加工仿真过程的实体依据，是尺寸与外形精度测量的标准。精确的几何模型，极大地方便了编程，是保证加工的前提。

(2) CAM——复杂的程序

CAM 软件通过解读 CAD 数据，设定编程坐标系，设定选择刀具，确定加工策略，刀具干涉检查与避让，加工过程仿真，输出刀位信息等系列操作后，得到了数控机床能够识别的代码。

(3) PP——1 比 1 数控机床计算机仿真

生成的代码往往不能直接用于加工，因为五轴机床在运动过程中，转台旋转过程非常复杂，容易产生干涉，加工过程的仿真能够验证刀具轨迹的正确性与高校性，是五轴数控加工完整运行的有效保证。

(4) CNC——五轴机床加工

做完准备工作以后，通过五轴数控机床正确的对刀和参数设置，才能生产实施。

9.2.4 五轴加工中心的核心技术

① 坐标变换技术；

② RTCP 功能；RTCP 即旋转刀具中心编程功能，通过在 NC 代码中指定刀具中心点位置和刀轴矢量，数控系统可以根据期望的刀轴矢量，实现对刀具中心点的控制。核心：刀尖点控制和刀具长度补偿；

③ 刀周方向差补功能；

④ 刀轴方向平滑功能；开启方向平滑功能，不仅能有效地提高加工表面的质量，更能大幅提高加工的效率；

⑤ 小线段逼近；

⑥ 一阶曲线光顺；

⑦ 前看功能，前看功能实际上是一种自适应变速功能。

9.2.5　华中 848B 五轴数控系统对刀操作

图 9.12　进入对刀界面

对刀步骤：

① 将刀具对到工件原点后，点击系统面板"设置"按键，如图 9.12 所示。

② 系统进入设置界面，如图 9.13 所示。

③ 将蓝色光标移至 X 轴，如图 9.13 所示，点击当前位置按键，系统会提示是否正确，在键盘上点击 Y，确定 X 轴坐标，如图 9.14 所示。

④ 然后依次按照上述方法确定 Y 轴、Z 轴坐标，如图 9.15 所示。

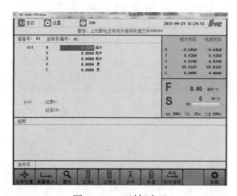

图 9.13　五轴对刀

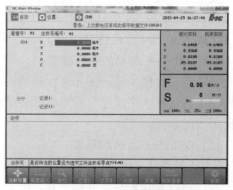

图 9.14　设定 X 轴坐标系

⑤ 完成后才能将刀具移至安全位置，然后测量刀长，填入刀补表内，在面板上点击刀补按键出现刀补表界面，如图 9.16 所示。

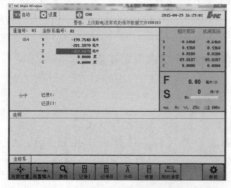

图 9.15　设定 Y、Z 轴坐标系

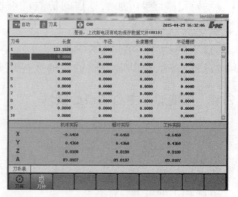

图 9.16　设置刀长

⑥ 最后进入设置界面,将光标移至 Z 轴位置,点击"偏置输入"按键,输入刀长值的负值,点击确定,如图 9.17 所示。

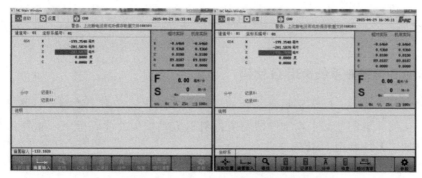

图 9.17 输入刀长偏置

任务实施

课程任务单

实训任务 9.2		五轴数控机床对刀	
学习小组:	班级:		日期:
小组成员(签名):			
任务描述(小组成员均需完成)			
序号	操作项目	操作步骤	完成情况
1	对刀		

任务 3　五轴常用基本指令

相关知识

9.3.1　华中 848 五轴系统常用 G 代码

在五轴数控系统中，绝大多数是 3 轴加工指令依然有效，为了更好地发挥 5 轴的功能，数控系统往往在 3 轴的基础上增加一些特有的针对五轴加工的代码指令，如表 9.1 所示为华中 848 五轴加工系统常用 G 代码。

表 9.1　HNC848 五轴常用 G 代码

G 代码	组号	功能
G43.4	10	RTCP 旋转角度编程
G43.5		RTCP 刀具矢量编程
[G49]		取消 RTCP 功能
G140	25	线性插补方式
G141		大圆角插补方式
NURBSB	00	双曲线插补
G68.1	05	三点方式建立特性坐标系
G68.2		欧拉角方式建立特性坐标系
G53.2	00	刀具轴方向控制
G53.3	00	法向进退刀

9.3.2　刀具中心点控制（RTCP）

在五轴机床加工中，由于旋转轴的加入和机床结构的误差，导致刀具中心的轨迹发生了改变。在 G 代码程序中通过相应的指令开启 RTCP 模式，系统将控制点定在刀具中心点，通过实时刀具长度补偿确保刀具中心点沿着指定的路径移动，如图 9.18、图 9.19 所示。

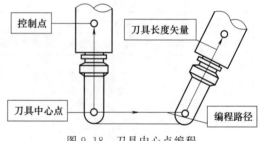

图 9.18　刀具中心点编程

用户只需要在工件坐标系下进行五轴编程，并不需要考虑机床结构的误差，大大简化了 CAM 编程且提高了加工精度。

相关代码

G43.4（G43.5）　H_：开启 RTCP 功能。

G43.4：旋转轴角度编程。

G43.5：刀具矢量编程。

G49：取消 RTCP 功能。

其中，G43.4（G43.5）开启 RTCP 功能；H 指定刀具长度补偿号，使刀具中心点沿着刀轴线往控制点方向偏移一个刀具长度补偿，如图 9.20 所示。利用 G49 取消 RTCP 功能。

注意：在使用 RTCP 带功能时，必须添加正确的刀长，刀具长度是从主轴端面开始测量的。因此，设置工件坐标系时应该考虑刀具长度（如加工叶轮时通过对刀操作使刀尖接触工件上表面，在当前位置设置 Z 坐标值后，需要往负向偏置一个刀具长度）。

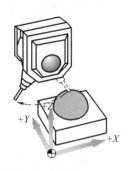 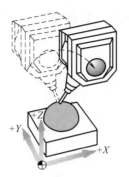 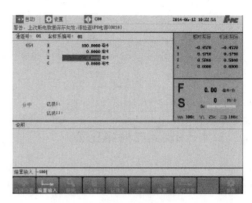

不使用RTCP功能时，刀具围绕着旋转轴中心旋转，刀尖点移出固定点

使用RTCP功能，刀尖将停留在固定点，旋转轴运动时，系统会自动进行直线轴的补偿

图 9.19　有 RTCP 与无 RTCP 功能比较　　　　图 9.20　工件坐标系负偏刀长

速度控制

程序中 F 指定的是工件坐标系下的刀具中心点移动的速度。在五轴加工中，由于旋转轴的加入，导致刀具中心点移动的速度可能和实际机床运动的速度不一致，因此有时候会造成分轴的速度超过了设定的最大的速度限制。此情况下，CNC 系统会降低加工速度，从而保证分轴速度在设定范围之内。

机床结构参数

系统采用通用机床结构模型，支持任意机床结构类型和任意旋转方向，如图 9.21 所示。

支持三直线轴＋三旋转轴机床结构，扩展性强。请根据机床结构类型以及标定的结果，将机床结构参数填入通道参数中。

9.3.3　刀轴方向指定方式

刀轴方向有两种指定方式：位置指定方式和矢量指定方式。

(1) 位置指定方式（G43.4）

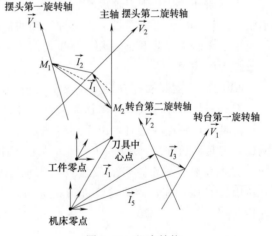

图 9.21　机床结构

指定旋转轴的位置（例：A，B，C），CNC 根据当前旋转的位置，通过控制，实时进行刀具长度补偿，保证刀具中心点沿着指定路径移动。

编程格式：

G1 X_ Y_ Z_ A_ B_ C_；

指令说明：

X_ Y_ Z_指定刀具中心点的位置；

A_ B_ C_指定旋转轴的位置。

(2) 矢量指定方式（G43.5）

代替旋转轴的位置，指定程序段终点的刀轴在工件坐标系中的方向（I，J，K），经过

CNC 计算旋转轴的位置，使刀具朝向指定的方向，根据当前旋转的位置，通过控制，实时进行刀具长度补偿，保证刀尖沿着指定路径移动。

编程格式：

G1 X_ Y_ Z_ I_ J_ K_；

指令说明：

X_Y_Z 指定刀具中心点的位置；

I_J_K_指定刀轴矢量方向。

9.3.4 刀具定向插补方式

在五轴刀具定向插补功能中有三种插补方式，分别为线性插补、大圆插补和双曲线，在实际应用中需根据加工工艺的要求选取不同的插补方式。

(1) 线性插补

五轴线性插补中，旋转轴插补就是建立直线轴位移增量与旋转角增量的同比例的映射关系。这种插补方式下，在旋转的运动过程只能控制刀具中心点位置，而无法控制刀轴方向。

编程格式：

G140 开启线性插补方式。

旋转轴编程方式下，默认为线性插补方式。

(2) 大圆插补

大圆插补就是基于刀轴旋转方式开发的一种插补方法，使得在两个编程点之间插补的刀轴轨迹总是在同一平面圆弧上。这种刀轴的摆动保证在同一平面圆弧上，在空间球面上刀轴的轨迹是在两个刀轴形成的大圆圆弧上摆动，因此称为大圆插补，如图 9.22 所示。

编程格式：

G141 开启大圆插补方式，如图 9.23 所示。

刀具矢量编程方式下，默认为大圆插补方式。

刀具经过极点附近时，由于旋转轴方向的不确定，若无相应处理，会导致旋转轴超速。例如：刀具初始方向（A45，C0）和结尾方向（A-45，C0），当刀轴向 A0 位置趋近时，由于 C 轴的位置不确定，只要发生一次方向性插补，C 轴会立刻转到 180°位置。这一时刻，必然引起 C 轴超速，因此需要进行相应的处理。只有在大圆插补过程中，才会对极点进行处理。

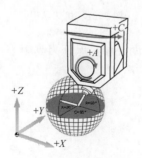

图 9.22 圆弧插补方式

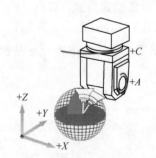

图 9.23 大圆插补方式

在五轴加工机床中，第一个旋转的位置就是极点。通道参数 040407 定义极点角度范围。极点区域由该角度定义，即以极点轴为轴线，以该角度为锥角的一个圆锥区域，该区域内都为极点范围。系统会根据四种不同的情况，分别处理极点问题。

① 起点在极点区域内，终点在外。这种情况下，在极点区域内的部分自动转成线性插补，区域外的保持大圆插补，如图9.24所示。

② 起点在外，终点在内。这种情况下，自动调整刀具姿态，使其刚好穿过极点，如图9.25所示。

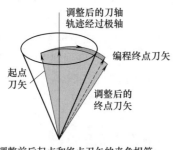

图9.24 起点在极点区域内，终点在外

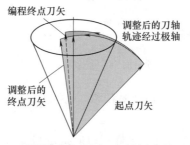

图9.25 起点在外，终点在内

③ 起点/终点均在外，但穿过极点区域。这种情况下，自动调整刀具姿态，使其刚好穿过极点，如图9.26所示。

④ 起点/终点均在内。这种情况下，整段轨迹自动转成线性插补，如图9.27所示。

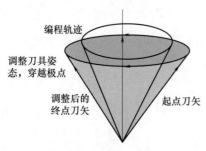

图9.26 起点在外，终点在外

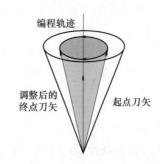

图9.27 起点在内，终点在内

(3) 双曲线插补

五轴小线段程序中包含刀具中心点数据和刀轴数据，线性插补只能控制刀具中心点轨迹，而无法控制刀轴方向。插补时刀轴方向是不连续的，可能会引起突跳。将刀具中心点和刀轴都拟合成 NURBSB 曲线，如图 9.28 所示，对这两条曲线进行同步插补，可以提高加工速度和表面质量。

编程格式：
NURBSB P_K_Q_W_；
指令说明：
    P：NURBSB 曲线的阶数；
    K：节点；
    Q：控制点数据（$x_1, y_1, z_1, x_2, y_2, z_2$）；
    W：权重。

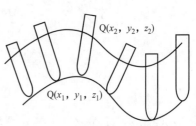

图9.28 NURBSB 样条差补

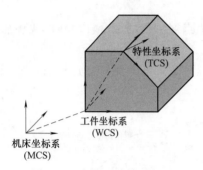

图 9.29 倾斜面特性坐标系

9.3.5 倾斜面加工指令

五轴加工经常还用到倾斜面加工，该功能可以在斜面上建立一个特性坐标系（TCS），并在该坐标系中进行编程。由于特性坐标系与斜面相适应，因此在斜面上的编程与平面上的编程同样简单，如图 9.29 所示。

工件上的特性坐标系可以通过两种方式来指定，第一种方式是在 CNC 界面上输入特性坐标系数据，然后程序中使用 G68.1 指令选择哪一组数据来建立特性坐标系；第二种方式是直接在程序中使用 G68.2 指令通过欧拉角方式建立特性坐标系，G69 取消当前建立的特性坐标系。

注意：

① 使用特性坐标系前应指定 G43.4/G43.5 开启特性坐标系功能。

② 建立特性坐标系后，所有编程坐标都是特性坐标系下的坐标值。

(1) 通过三点建立特性坐标系（G68.1）

如图 9.30 所示，特性坐标系的建立，可以通过指定以下三点来建立：

P_1：特性坐标系零点；

P_2：特性坐标系 X 轴正方向任意一点；

P_3：特性坐标系 XY 平面一二象限任意一点。

以上各点坐标均为该点在工件坐标系中的坐标值。

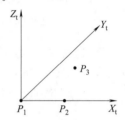

图 9.30 三点建立坐标系

P_1，P_2，P_3 可以在 CNC 界面输入，系统支持 20 组特性坐标系，程序中使用 G68.1 指令选择使用哪一组参数建立特性坐标系：

编程格式：

G68.1 Q_；

指令说明：

Q：选择建立特性坐标系的参数。取值范围为 1～20。

(2) 通过欧拉角建立特性坐标系（G68.2）

如图 9.31 所示，欧拉角是围绕旋转坐标系的坐标轴旋转的角度，其定义如下：

① 进动角（EULPR）：围绕 Z 轴旋转的角度。

② 盘转角（EULNU）：围绕由进动角改变后的 X 轴旋转的角度。

③ 旋转角（RULROT）：围绕由盘转角改变后的 Z 轴旋转的角度。

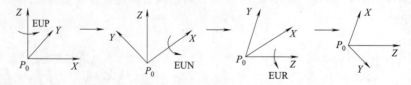

图 9.31 欧拉角坐标系

编程格式：

G68.2 X_Y_Z_I_J_K_；

指令说明：

X_Y_Z：特性坐标系的零点，为工件坐标系下的坐标值；

I：进动角（EULPR），围绕 Z 轴旋转的角度；

J：盘转角（EULNU），围绕由进动角改变后的 X 轴旋转的角度；

K：旋转角（RULROT），围绕由盘转角改变后的 Z 轴旋转的角度。

(3) 刀具轴方向控制

在指定 G68.1/G68.2 建立特性坐标系后，可以指令 G53.2 来控制刀具轴摆动到与特性坐标系 Z 轴平行的方向，如图 9.32 所示。

编程格式：

G53.2；

指令说明：

G53.2 指令执行时，移动旋转轴的同时，直线轴作补偿运动，以保持刀尖与工件的相对位置不变。

注意：G53.2 必须在 G68.1 有效时指定，否则报警。

(4) 法向进退刀（G53.3）

法向进退刀是指刀具沿着刀具轴线方向进刀或退刀，如图 9.33 所示。

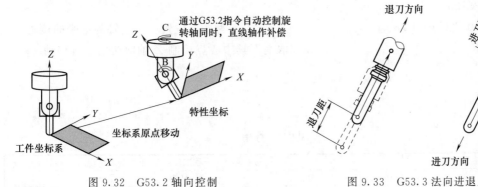

图 9.32 G53.2 轴向控制　　　图 9.33 G53.3 法向进退刀

编程格式：

G53.3 L_；

指令说明：

其中，L 指定进退刀的距离。L 指令的距离大于 0 时，刀具远离刀尖移动（退刀），L 指令的距离小于 0 时，刀具往刀尖方向移动（进刀）。

注意：

① 必须在参数中正确地设置机床的结构型式，否则无法正确执行法向进退刀指令。

② 系统中还支持手动进退刀功能，在 PLC 中通过 TOOLSET 模块来开启手动退刀功能，通过 TOOLCLR 模块关闭手动退刀功能。

9.3.6 应用举例

利用五轴加工如图 9.34 所示轨迹，理解五轴

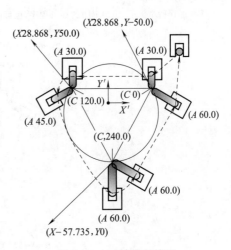

图 9.34 五轴编程练习

RTCP 功能。以 A 轴角度为 0°，30°～60°、60°切削 1 边 100mm 的正三角形各边的例子。

参考程序

把固定在工作台上的坐标系作为编程坐标系，RTCP 功能。

```
%
O1234
G54 G90 G21 G80；                  //准备
G90 X70 Y50 Z300 A0 C0；            //向初始位置移动
G01 G43.4 H01 Z20 F500              //开始刀具中心控制
                                    //向接近位置移动
                                    //H01 为刀具补偿号
X50 Y28.868 Z10 A-30                //加工面高度为 10.0
X-50
A-45 C120
X0 Y-57.735 A-60 C180               //A、C 均边动作边进行 X、Y 移动
C240
X50 Y28.868
X70 Y50 Z20 A0 C360                 //X、Y、Z 为接近位置，旋转轴为原来的位置
G49 Z300                            //取消刀具中心点控制 Z 轴向初始位置移动
M30
```

任务实施

课程任务单

实训任务 9.3		五轴数控机床手工编程实训	
学习小组：	班级：		日期：
小组成员(签名)：			

任务描述(分小组完成)

按照课程所举例子，编制下图的加工程序，也可以自己发挥编制别的形状，用到 RTCP 功能，查看机床的运动状态。

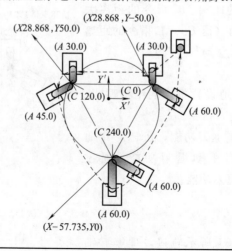

续表

任务完成情况：

序号	姓名	任务分配	完成情况
1			
2			
3			
4			
5			

任务 4　五轴后处理

相关知识

9.4.1　五轴后处理工作过程

(1) MOM 的工作过程

① 刀轨源文件->postprocessor->NC 机床

② MOM 后处理是将 UG 的刀轨作为输入，需要两个文件，一个是 Event Handler，扩展名为 .tcl，包含一系列指令来处理不同的事件类型；另一个是 Definition File，扩展名为 .def，包含一系列机床、刀具的静态信息。这两个文件可以利用 UG 自动的工具 POST BUILDER 来生成。

③ 当这两个文件生成后，要将它们加入 template_post.dat 文件里才能使用，其格式如下：fanuc, ${UGII_CAM_POST_DIR}fanuc.tcl, ${UGII_CAM_POST_DIR}fanuc.def

(2) GPM 的工作过程

① 刀轨源文件->CLSF->GPMPOST-NC 机床。

② GPM 后处理是将刀轨源文件（the cutter location source file）作为输入。需要一个 MDF（maching data file）即机床数据文件。MDF 文件也可以通过 UG 提供的工具 MDFG 来生成，其扩展名为 .mdfa。

9.4.2　利用 UG/Post Builder 编写后处理实例

利用 UG/Post Builder 进行后处理的新建、编辑和修改时，生成 3 个文件；机床控制系统的功能和格式的定义文件 *.def；用 TCL 语言编写控制机床运动事件处理文件 *.tcl；利用 PostBuilder 编辑器设置所有数据信息的参数文件 *.pui。

本单元只讲解五轴后置处理的创建方法，具体设置需要根据实际机床进行测试。DMG 60 monoblock 机床是 B、C 轴为旋转轴。B 轴的角度范围为 $-120°$ 至 $+30°$，C 轴的角度范围 0 至 360°。机床的 $X/Y/Z$ 轴长度分别 730（630*）/560/560 （mm）。DMG 60 monoblock 机床的系统为 HEIDENHAIN iTNC530。具体创建步骤如下：

① 后处理设置准备，如图 9.35 所示。

② 机床参数设置，如图 9.36～图 9.38 所示。

图 9.35　后处理准备

定义机床旋转轴

图 9.36　定义机床旋转轴

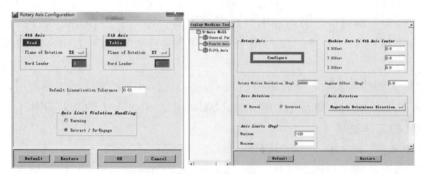

定义第四轴

图 9.37　定义机床第四轴、第五轴

③ 五轴程序格式设置，如图 9.39～图 9.42 所示。

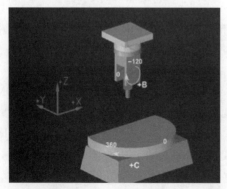

图 9.38　机床设置后简图

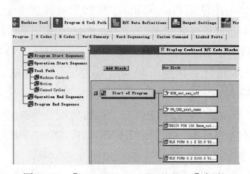

图 9.39　[Program and Tool Path] 标签

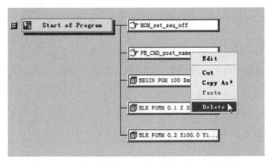

图 9.40　删除 PB_CMD_post_name 标签

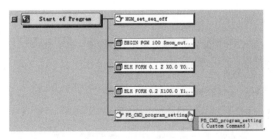

图 9.41　添加 DMU_strat_program_ seting 标签

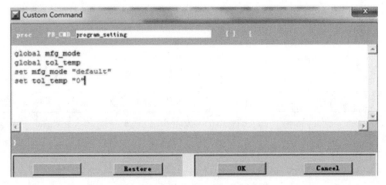

图 9.42　定义加工模式与公差

④ 其他后处理操作。

a. 判定 5 轴加工模式；

b. 添加程序前的固定格式；

c. 添加加工公差；

d. 调刀格式定义；

e. 定义 3+2 加工模式中的坐标系旋转；

f. 定义五轴联动加工时坐标的输出；

g. 操作命令模块复制；

h. 操作结束命令；

i. 强制输出；

j. 定义程序尾。

任务实施

课程任务单

实训任务 9.4		五轴数控机床后处理实训	
学习小组：	班级：		日期：
小组成员(签名)：			

续表

任务描述(分小组完成)
根据学习的实际状况,利用 UG 后处理做一个西门子 828B 四轴后处理程序,调用软件库里面的后处理程序,并根据自己的实际需要修改后处理程序,例如删除行号、添加刀具信息,改为手动换刀,程序结束返回参考点等。在修改过程中注意以下操作: (1)设置后置类型及机床结构类型; (2)A 轴或 B 轴设置参数设置; (3)四轴程序格式设置; (4)其他参数定义; (5)添加程序前的固定格式; (6)添加加工公差; (7)调刀格式定义; (8)操作命令模块复制; (9)操作结束命令; (10)强制输出; (11)定义程序尾。

任务完成情况:

序号	姓名	任务分配	完成情况
1			
2			
3			
4			
5			

任务 5　五轴 UG 自动编程

相关知识

9.5.1　UG 可变轴曲面轮廓铣

目前具有多轴编程功能的 CAM 软件种类很多,其中 UG 软件是较为常用的软件之一。在 UG 中,多轴机床编程应用最多的功能是"可变轴曲面轮廓铣"。可变轴曲面轮廓铣是通过驱动面、驱动线或驱动点来产生驱动轨迹路径的,把这些驱动点按照一定的数学关系的投影方法,投影到被加工的曲面上,再按照某种规则来生成刀具路径的。在"可变轴曲面轮廓铣"中,刀轴矢量可以在加工曲面的不同位置,根据一定的规律变化。

应用"可变轴曲面轮廓铣",需要掌握以下一些基本概念:

① 零件几何体:用于加工的几何图形;

② 驱动几何体:用来产生驱动轨迹路径的几何体;

③ 驱动点:从驱动几何体上产生的,将按照某种投影方法投影到零件几何体上的轨迹点;

④ 驱动方法:驱动点产生的方法。有些驱动方法在曲线上产生一系列驱动点,有些驱动方法则在一定面积内产生有一定规则排列的驱动点;

⑤ 投影矢量：指引驱动点按照一定规则投影到零件表面，同时决定刀具将接触零件表面的位置。选择的驱动方法不同，可以采用的投影矢量方式也不同。即：驱动方法决定投影矢量的可用性；

⑥ 刀轴：即我们前面一直提到的刀轴矢量，用于控制刀轴的变化规律。所选择的驱动方法不同，可以采用的刀轴控制方式也不同，如表 9.2 所示。即：驱动方法决定了刀轴控制方法的可用性。

表 9.2 刀具轴控制

刀具轴控制选项	驱动方式					
	曲线/点	螺旋	边界	曲面区域	刀轨	径向切削
离开点	√	√	√	√	√	√
指向点	√	√	√	√	√	√
离开直线	√	√	√	√	√	√
指向直线	√	√	√	√	√	√
相对于矢量	√	√	√	√	√	√
垂直于工件	√	√	√	√	√	√
与部件相关	√	√	√	√	√	√
4 轴与工件垂直	√	√	√	√	√	√
4 轴工件相关	√	√	√	√	√	√
在工件上的双 4 轴	√	√	√	√	√	√
插补	√			√		
侧刃驱动				√		
垂直于驱动				√		
相对于驱动				√		
4 轴与驱动体垂直				√		
4 轴相对于驱动体				√		
在驱动体上的双 4 轴				√		
与驱动路径相同					√	

9.5.2 驱动方法：

驱动方法，用于定义刀具路径的驱动点的产生方法。驱动点的排列顺序是按照驱动曲面网格的构造顺序来生成的。UG 在多轴加工中提供了多种类型的驱动方法，选择何种驱动方法与被加工零件表面的形状及其复杂程度有关。确定了驱动方法之后可选择的驱动几何类型、刀轴的控制方法也随之确定；可变轴曲面轮廓铣的加工共有八种驱动方法。

(1) 边界驱动

通过指定边界来定义切削区域，边界与零件表面的形状无关，由边界定义产生的驱动点按照某种数学关系沿指定方向投影到零件表面上而生成刀具路径。边界驱动方法多用于精加工操作；刀具跟随复杂的零件表面轮廓，刀轴矢量在刀轴控制方法的控制下随着零件表面变化。

(2) 曲面区域驱动

在多轴加工中，曲面区域驱动是应用最为广泛的一种驱动方法。曲面区域驱动可以在驱动曲面的网格上创建按一定规则分布的驱动点，利用这些驱动点，按照一定的数学关系沿指定的投影方向投影到被加工的零件表面，然后生成刀具路径；由于曲面区域驱动方法对刀轴以及驱动点的投影矢量提供了附加的控制选项，因此常用于多轴铣削，加工形状复杂的零件曲面。

曲面区域驱动的驱动面，可以是平面也可以是非平面。为了使驱动曲面上生成的驱动点分布均匀，通常把驱动曲面做成比较光顺的曲面，且形状尽量简单，以便在驱动曲面上能够整齐地按行和列的网格排列数据点。驱动曲面上相邻的表面之间必须共享公共边缘线，或者边缘线之间的间隙不超出参数预置中所定义的链接公差。

通常要求驱动曲面有偶数的行列网格。为了控制刀轴在被加工面尖角处不产生刀轴的突变情况，通常利用规则的驱动曲面来控制刀轴的矢量方向。选择驱动曲面时，必须有序地选择，而不能随机选择，选择驱动面的顺序也决定了驱动曲面网格的行列方向。

(3) 曲线/点驱动

通过指定曲线或点来定义驱动几何，选择点作为驱动几何时，就在所选点间用直线创建驱动路径；选择曲线作为驱动几何时，驱动点沿指定曲线生成。在两种情况下，驱动几何都投影到零件几何表面上，刀具路径创建在零件几何表面上，曲线可以是封闭或开放、连续或非连续的，也可以是平面曲线或空间曲线。当用点定义驱动几何时，刀具按选择点的顺序，沿着刀具路径从一个点向下一个点移动；当用曲线定义驱动几何时，刀具按选择曲线的顺序，沿着刀具路径从一条曲线向下一条曲线移动。

选择曲线或点作为驱动几何后，会在图形窗口显示一个矢量方向，表示默认的切削方向。对开口曲线，靠近选择曲线的端点是刀具路径的开始点。对封闭曲线，开始点和切削方向由选择段的次序决定。在曲线与点方法中，有时可以使用负的余量值，以便刀具切削到被选零件几何表面里面。

(4) 螺旋驱动

通过从一个指定的中心点向外作螺旋移动来得到驱动点的方法，这些驱动点是在过中心点、垂直于投影矢量方向的平面内生成的，然后沿着投影矢量方向投影到零件几何上形成刀具路径，一般用于加工旋转形或近似旋转形的表面或表面区域，与其他驱动方法不同，螺旋驱动方法创建的刀具路径在从一刀切削路径向下一刀切削路径过渡时，没有横向进刀，也就不存在切削方向上的突变，而是光顺地持续向外螺旋展开过渡。能保持恒定切削速度的光顺切削，特别适合高速加工。

(5) 径向驱动

用来生成一条垂直于给定边界的驱动路径。通过指定步长、带宽和切削类型，沿着给定边界方向并垂直于边界生成驱动路径。多用于清根操作。

(6) 刀轨驱动

可以沿着刀具位置原文件（CLSF）产生驱动路径，用于生成类似原刀位轨迹的可变轴曲面轮廓铣刀具路径。驱动点沿着已经存在的刀具位置原文件而产生，并且投影到所选择的零件表面上，跟随表面轮廓产生刀具路径。驱动点投影到零件表面的方向和位置由投影矢量来决定。

(7) 用户函数

是指用户利用第三方软件采用的特殊驱动方式来创建刀具路径，这需要一些可选的，特殊复杂应用开发的用户子程序。

(8) 外形轮廓铣

"外形轮廓铣"通常称为"壁驱动",是可变轴轮廓铣特有的驱动方法,用于生成有倾斜角度的复杂零件型腔或型芯侧壁或复杂零件底面和侧壁连接处的刀具路径。它用刀具底刃加工零件底表面,用刀具侧刃加工零件侧壁,一旦选择了加工区域,系统会自动寻找包含底面的侧壁表面,也可手动选择侧壁表面,刀轴会调整以达到圆滑的刀具路径,在凹角处,刀具用侧刃相切零件侧壁;在凸角处,刀具会添加一圆弧,保持刀轴始终和侧壁相切。在 UG 编程软件中,唯一可以用于多轴粗加工的一种驱动方法。

9.5.3 投影矢量

投影矢量是指驱动点沿着投影的矢量方向投影到工件几何表面上。

(1) 指定矢量

构造一个矢量作为投影矢量。在定义投影矢量的多种方法中,只有这种方法定义的投影矢量是固定方向的。

可以通过如图 9.43 中的"矢量构造器"窗口来定义一个矢量。如果采用设定矢量的 I、J、K 值的方法来定义矢量,需注意——对应于投影矢量,我们不需要考虑矢量的长度,只需要考虑矢量的方向。因为矢量方向决定了驱动点如何投影到工件上,而长度与此无关。

(2) 刀轴投影

用刀轴矢量的相反方向作为投影矢量,如图 9.44 所示。

此方法是最常用的方法,投影矢量符合刀轴矢量的规律,可以确保生成的刀具路径形状受到驱动路径的控制,刀路形状与驱动路径形状比较符合。用其他方式定义投影矢量,生成的刀路形状可能与驱动路径相差较大。

图 9.43 投影矢量   图 9.44 投影矢量方向

(3) 远离点

通过指定一个聚点来定义投影矢量,定义的投影矢量以指定的点为起点,并指向工件几何的表面,形成放射状的投影形式。投影矢量方向如图 9.45 所示。

(4) 朝向点

通过指定一个聚点来定义投影矢量,定义的投影矢量以工件几何表面为起点,并指向定义的点。

远离点:刀尖指向某个点产生刀具轨迹,用于5轴加工

图 9.45 刀轴控制远离点

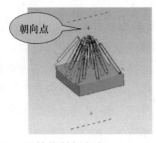

图 9.46 刀轴控制朝向点

在指定同一个点时，指向点和离开点的投影矢量方向恰好相反。投影矢量方向如图 9.46 所示。

（5）远离直线

通过指定一条直线来定义投影矢量，定义的投影矢量以指定的直线为起点，并垂直于直线，且指向工件的几何面。需要注意，此处的直线为空间无限长的直线，而非线段。投影矢量方向如图 9.47 所示。

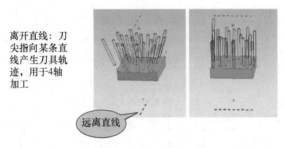

图 9.47 远离直线

（6）指向直线

通过指定一条直线来定义投影矢量，定义的投影矢量以工件的几何表面为起点，并指向指定的直线，且垂直于直线。在指定同一直线时，指向直线和离开直线的投影矢量方向恰好相反。投影矢量方向如图 9.48 所示。

图 9.48 指向直线

（7）指向驱动

用于指定在与材料侧面的距离为刀具直径的点处开始投影，以避免铣削到计划外的部件几何体。除了铣削型腔的内部或者驱动曲面在工件几何的内部外，指向驱动和垂直于驱动基本相似。

9.5.4 刀轴矢量

刀轴矢量的定义为加工中刀尖指向刀柄的方向。与投影矢量一样，刀轴矢量也是一个可变矢量；同时刀轴矢量也是只需要考虑其方向，不需要考虑其长度的。刀轴矢量可以通过指定参数值定义，也可以定义为与工件几何或驱动几何成一定的关系，或是根据指定的点或直线来定义。刀轴矢量的具体定义方法有以下二十种。

(1) +ZM 轴

指定刀轴矢量沿加工坐标系的+Z 方向。用这种方法控制刀轴，则"可变轴曲面轮廓铣"变为"固定轴曲面轮廓铣"。

(2) 指定矢量

通过"矢量构造器"对话框构造一个矢量作为刀轴矢量。这种方法也是固定轴，但刀轴可以不是+Z 轴方向。

(3) 相对于矢量

在指定一个固定矢量的基础上，通过指定刀轴相对于这个矢量的引导角度和倾斜角度来定义出一个可变矢量作为刀轴矢量。

(4) 离开点

通过指定一点来定义可变刀轴矢量。它以指定的点为起点，并以指向刀柄所形成的矢量作为可变刀轴矢量。

(5) 指向点

通过指定一点来定义可变刀轴矢量。它以刀柄为起点，并以指向指定的点所形成的矢量作为可变刀轴的矢量。

(6) 离开直线

通过指定一条直线来定义可变刀轴矢量，定义的可变刀轴矢量沿着指定的直线，并垂直于直线，且指向刀柄。

(7) 指向直线

指定一条直线来定义可变刀轴矢量，定义的可变刀轴矢量沿着指定的直线，且从刀柄指向指定直线。

(8) 与部件相关

通过指定引导角度与倾斜角度来定义相对于工件几何表面法向矢量的可变刀轴矢量与"相对于矢量"选项的含义类似，只是用零件几何表面的法向代替了指定的一个矢量。

(9) 垂直于工件

使可变刀轴矢量在每一个接触点垂直于工件的几何面。

(10) 四轴垂直于工件

通过指定旋转轴（即第四轴）及其旋转角度来定义刀轴矢量，即刀轴先从零件几何表面法向投影到旋转轴的法向平面，然后基于刀具运动方向朝前或朝后倾斜一个旋转角度。

(11) 四轴相对于工件

通过第四轴及其旋转角度、引导角度与倾斜角度来定义刀轴矢量。即先使刀轴从零件几何表面法向，基于刀具运动方向朝前或朝后倾斜引导角度与倾斜角度，然后投影到正确的第四轴运动平面，最后旋转一个旋转角度，该选项与"四轴相对于工件"选项的含义类似，由于该选项是一种 4 轴加工方法，因此一般保持倾斜角度为"0"度。

(12) 在工件上的双 4 轴

该种刀轴控制方法只能用于"Z_{ig}-Z_{ag}（"Z"字形往复）"切削方法，而且分别进行切削。该选项通过指定第四轴及其旋转角度、引导角度、倾斜角度来定义刀轴矢量。即分别在 Z_{ig} 方向与 Z_{ag} 方向，先使刀轴从零件几何表面法向，基于刀具运动方向朝前或朝后倾斜引导角度与倾斜角度，然后投影到正确的第四轴运动平面，最后旋转一个旋转角度。

(13) 垂直于驱动面

在每一个接触点处创建垂直于驱动曲面的可变刀轴，刀轴是跟随驱动曲面而不是跟随工件几何表面的，所以能够产生更光顺的往复切削运动。

(14) 相对于驱动面

通过指定引导角度与倾斜角度，来定义相对于驱动曲面法向矢量的可变刀轴矢量。此种刀轴控制方法参数与"相对于工件"刀轴控制方法参数含义类似，只是用驱动曲面的法向代替零件几何表面的法向。

(15) 侧刃驱动

用驱动曲面的直纹线来定义刀轴矢量。这种类型的刀轴矢量可以使用刀具的侧刃加工驱动曲面，而加工零件几何表面时驱动曲面引导刀具侧刃，零件几何表面引导刀尖，如果没有选用锥度刀，则刀轴矢量平行于直纹线。

(16) 4 轴垂直于驱动曲面

与 "4 轴垂直于工件" 含义类似，只是用驱动曲面的法向代替了零件几何表面的法向。该选项是通过指定旋转轴（即第 4 轴）及其旋转角度来定义刀轴矢量，即刀轴先从驱动曲面法向旋转到旋转轴的法向平面，然后基于刀具运动方向朝前或朝后倾斜一个旋转角度。

(17) 4 轴相对于驱动曲面

该选项与 4 轴垂直于工件选项的含义类似，只是用驱动曲面的法向代替了零件几何表面的法向。通过指定第 4 轴及其旋转角度、引导角度与倾斜角度来定义刀轴矢量，即先使刀轴从驱动曲面法向，基于刀具运动方向朝前或朝后倾斜引导角度与倾斜角度，然后投影到正确的第 4 轴运动平面，最后旋转一个旋转角度。

(18) 双 4 轴相对于驱动曲面

选项与 "在工件上的双 4 轴" 选项含义类似，只是驱动曲面的法向代替了零件几何表面的法向。通过指定第 4 轴及其旋转角度、引导角度和倾斜角度来定义刀轴矢量。即分别在 Z_{ig} 方向与 Z_{ag} 方向，使刀轴从驱动曲面法向，基于刀具运动方向朝前或朝后倾斜引导角度与倾斜角度，然后投影到正确的第 4 轴运动平面，最后旋转一个旋转角度。

(19) 优化驱动

对有不同曲面曲率的曲面加工时，优化驱动选项能自动控制刀轴，确保最理想的材料去除而不过切零件，用刀具的引导角度去匹配不同的曲面曲率。当加工凸起部分时，用小的引导角度去移除材料；当加工凹下部分时，提高引导角度防止刀具后根过切零件，也保持足够小的引导角度防止刀具前尖过切零件。

(20) 插补刀轴

插补刀轴选项通过在指定的点定义矢量方向来控制刀轴。当驱动几何或零件非常复杂，又没有附加刀具轴控制几何体（如：点、线、矢量、光顺的驱动几何体等）时，会导致刀轴矢量过多的变化。插补刀轴可以进行有效的控制，而不需要构建额外的刀轴控制几何，也可以用来调整刀轴，以避让障碍物或避免刀具悬空。只有在变轴铣操作中选择曲线为点驱动方法或曲面驱动方法时，插补刀轴选项才可使用。可以从驱动几何体上去定义所需要的足够多矢量以保证光顺刀轴移动，刀具轴通过在驱动几何体上指定矢量进行插补，指定的矢量越多，对刀轴就有越多的控制。

任务实施

课程任务单

实训任务 9.5		五轴编程实训	
学习小组:	班级:		日期:
小组成员(签名):			

任务描述(分小组完成)

参考下图,也可以自己创作别的图形,编写五轴加工程序,使用五轴后处理软件生成代码,并在五轴机床上完成加工。

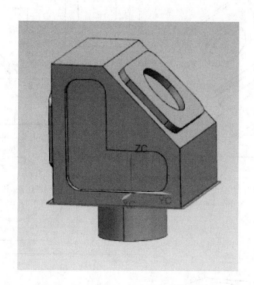

任务完成情况:

序号	姓名	任务分配	完成情况
1			
2			
3			
4			
5			

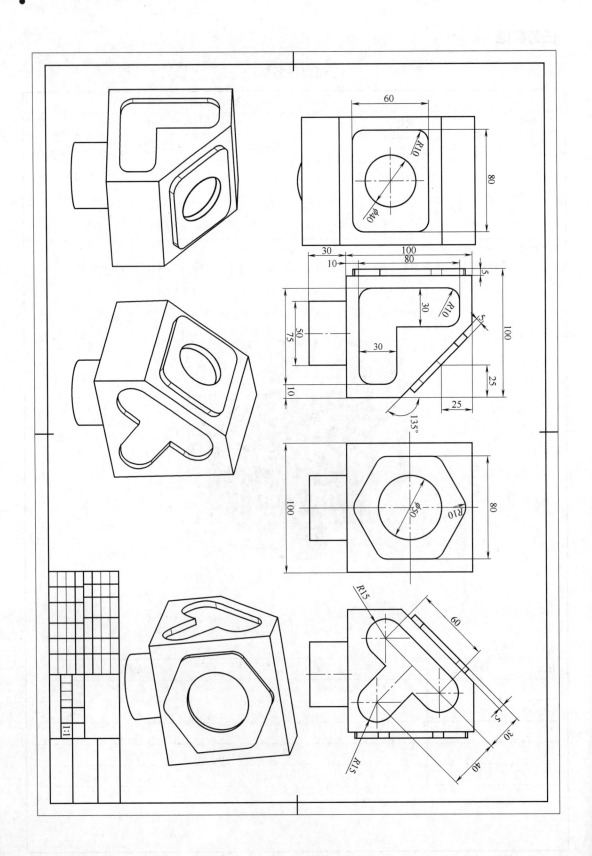

任务 6 涡轮叶片五轴编程

相关知识

涡轮铣加工使用 5 轴编程方法来加工叶轮等叶片类型的部件。您可以创建用于执行粗加工、轮毂精加工以及叶片和圆角精加工的工序。本教程将逐步指导您加工带分流叶片的叶轮。

9.6.1 打开模型

打开模型，并将模型转到合适位置，如图 9.49 所示。

图 9.49 涡轮模型

9.6.2 设置加工环境

单击"菜单条"上的[起始]—[加工]命令，弹出一个"加工环境"对话框。将对话框上的"CAM 会话配置"栏中的"cam_general"选项（通用机床）选中，同时，将"CAM 设置"栏中的"mill_multi-axis"选项（多轴铣加工）选中。完成设置后，单击[初始化]按钮，结束加工环境设置，进入轮廓铣加工工作界面，如图 9.50 所示。

设置加工坐标系，如图 9.51 所示。

图 9.50 进入加工环境

图 9.51 设置加工坐标系

9.6.3 创建部件几何体

创建部件几何体，如图 9.52 所示。
设置毛坯几何体，如图 9.53 所示。
设置检查体，如图 9.54 所示。

图 9.52 设置几何体

图 9.53　设置毛坯几何体　　　　　　　　图 9.54　设置检查体

9.6.4　定义叶轮几何体

定义叶片几何体，轮毂①、包覆②、叶片③、叶根圆角④和分流叶片⑤。如图 9.55～图 9.61 所示。

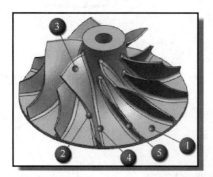

图 9.55　定义叶片几何体（一）　　　　　图 9.56　定义叶片几何体（二）

图 9.57　定义轮毂　　　　　　　　　　　图 9.58　定义包覆

图 9.59　定义叶片几何体（三）　　　　　图 9.60　定义叶根圆角

图 9.61 定义叶片几何体（四）

9.6.5 设置加工方法

在［工序导航器］中的空白处单击鼠标右键，接着在弹出的菜单中选择［加工方法视图］命令。双击 MILL_ROUGH 图标，弹出［铣削方法］对话框，然后设置如图 9.62 所示的参数。如此设置其他铣削方法的参数。

9.6.6 创建刀具

根据工序安排，本工件的加工，共需要 5 把刀具。具体的刀具创建过程如下：

创建 1 号刀具：

D7 球刀（SR3.5）；

直径：7；

下半径：3.5；

长度：70；

刃口长度：50；

刃数：2；

刀具号：1。

图 9.62 设置加工公差

创建 2 号刀具：

D4 球刀（SR2）；

直径：4；

下半径：2；

长度：50；

刃口长度：25；

刃数：2；

刀具号：2。

完成全部的刀具创建后，关闭"创建刀具"对话框。

9.6.7 ［工步 1］ 粗加工叶片和分流叶片

① 创建工序。在［加工创建］工具条中单击［创建工序］按钮，弹出［创建工序］对话框，然后设置如图 9.63 所示的参数。

② 定义切削层，如图 9.64 所示。

③ 设置主轴速度和切削，主轴 5000，进给 2500。

④ 单击对话框驱动方法区段中的叶片粗加工，如图 9.65 所示设置。

图 9.63 创建工序

图 9.64 定义切削层

图 9.65 叶片粗加工驱动方法

⑤ 生成刀路，如图 9.66 所示。

9.6.8 ［工步 2］精加工叶片

① 创建工序。在［加工创建］工具条中单击［创建工序］按钮，弹出［创建工序］对话框，然后设置如图 9.67 所示的参数。

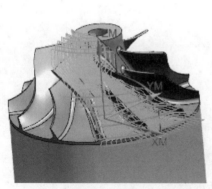
图 9.66 生成刀路

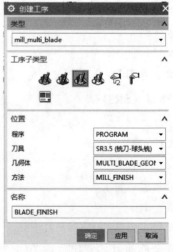
图 9.67 创建工序

② 定义切削层，如图 9.68 所示。

③ 设置主轴速度和切削，主轴 5000，进给 2500。

④ 生成刀路，如图 9.69 所示。

图 9.68 定义切削层

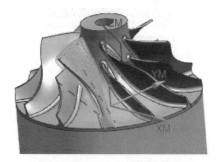

图 9.69 生成刀路

9.6.9 [工步 3] 精加工分流叶片

① 复制工序。将 BLADE_FINISH 复制。

② 修改驱动方法，如图 9.70 所示。

③ 设置主轴速度和切削，主轴 5000，进给 2500。

④ 生成刀路，如图 9.71 所示。

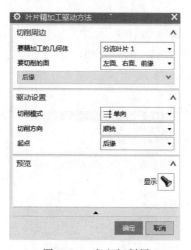

图 9.70 定义切削层

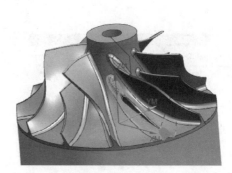

图 9.71 生成刀路

9.6.10 [工步 4] 精加工轮毂

① 创建工序。在［加工创建］工具条中单击［创建工序］按钮，弹出［创建工序］对话框，然后设置如图 9.72 所示的参数。

② 修改驱动方法，如图 9.73 所示。

③ 设置主轴速度和切削，主轴 5000，进给 2500。

④ 生成刀路，如图 9.74 所示。

图 9.72　创建工序

图 9.73　修改驱动方法

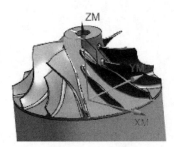

图 9.74　生成刀路

9.6.11　[工步 5]　精加工叶片圆角

① 创建工序。在 [加工创建] 工具条中单击 [创建工序] 按钮，弹出 [创建工序] 对话框，然后设置如图 9.75 所示的参数。

② 修改驱动方法，如图 9.76 所示。

③ 设置主轴速度和切削，主轴 5000，进给 2500。

④ 生成刀路，如图 9.77 所示。

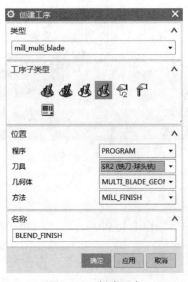

图 9.75　创建工序

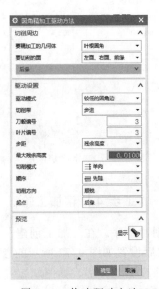

图 9.76　修改驱动方法

9.6.12 ［工步6］精加工分流叶片

① 复制工序。将 BLEND_FINISH 复制。
② 修改驱动方法，如图9.78所示。
③ 设置主轴速度和切削，主轴5000，进给2500。
④ 生成刀路，如图9.79所示。

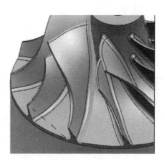

图9.77 生成刀路

图9.78 修改驱动方法

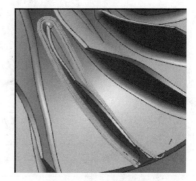

图9.79 生成刀路

9.6.13 检验刀轨

刀轨校验如图9.80所示。

9.6.14 生成NC代码

根据机床，选择合适的后处理程序，生成NC代码，如图9.81所示。

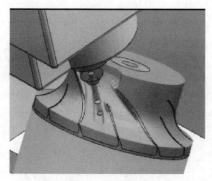

图9.80 3D校验

图9.81 生成NC代码

任务实施

课程任务单

实训任务 9.6		涡轮自动编程实训	
学习小组：	班级：		日期：
小组成员(签名)：			

任务描述（小组成员均需完成）
　　参考下图，也可自行设计其他图形，利用 UG 软件，编写五轴加工刀路轨迹，进行 3D 动态仿真，确保走刀无误。

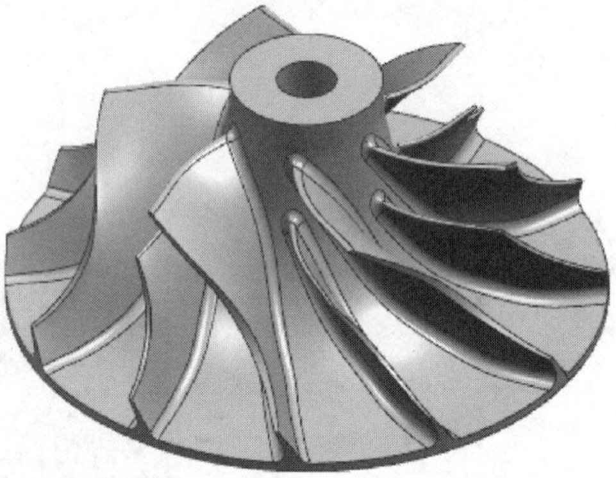

任务安排及完成情况：

序号	姓名	任务安排	完成情况
1			
2			
3			
4			
5			

任务 7　涡轮叶片加工

相关知识

9.7.1　程序后处理

　　根据编写的刀轨文件，选择合适的后处理程序，生成机床代码程序，如图 9.82 所示。

O1	2018/5/9 13:34	文本文档	14 KB
O2	2018/5/9 13:34	文本文档	20 KB
O3	2018/5/9 13:35	文本文档	48 KB
O4	2018/5/9 13:35	文本文档	28 KB
O5	2018/5/9 13:35	文本文档	23 KB
O6	2018/5/9 13:35	文本文档	23 KB

图 9.82　程序后处理

9.7.2 程序仿真

为了确保程序的正确性,可以借助第三方软件,例如 vericut 等数控专业仿真软件,对生成的代码进行仿真,如图 9.83 所示。

9.7.3 准备数控加工程序卡

如图 9.84 所示准备加工工序卡。

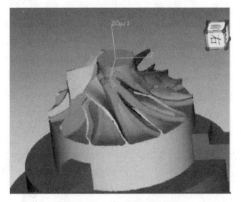

图 9.83 仿真加工结果

数控加工程序卡

零件图号:		零件名称:		班级:		编制:
程序号:		数控系统:		小组:		日期:
工序号				程序名		
装卡				顶面对刀		
工步 1:粗加工叶片和分流叶片 SR3.5				01.NC		
工步 2:精加工叶片 SR3.5				02.NC		
工步 3:精加工分流叶片 SR3.5				03.NC		
工步 4:精加工轮毂 SR3.5				04.NC		
工步 5:精加工叶根圆角 SR2				05.NC		
工步 6:精加工分流叶片圆角 SR2				06.NC		

图 9.84 数控程序加工工序卡

任务实施

课程任务单

实训任务 9.7		涡轮叶片仿真加工	
学习小组:	班级:		日期:
小组成员(签名):			

任务描述(以小组完成)

参考下图,也可自行设计其他图形,整理好程序,并通过仿真软件验证程序无误后,通过 CF 卡或 U 盘等媒介将程序拷入机床。一次完成以下工作:(1)装卡工件;(2)准备刀具;(3)对刀;(4)调用程序加工;(5)尺寸检验。

任务安排及完成情况：			
序号	姓名	任务安排	完成情况
1			
2			
3			
4			
5			

思 考 题

1. 多轴加工坐标系是如何定义的？
2. 五轴相对于三轴加工有哪些优势？
3. 五轴对刀时，为什么需要偏置刀长？
4. 五轴 RTCP 跟踪时，刀具长度起什么作用？
5. RTCP 功能编程，与工件坐标系编程有什么区别？
6. 利用五轴机床，如何在工件倾斜面上钻孔？
7. 五轴后处理超程应做如何处理？
8. 朝向点和远离点有什么区别？
9. 四轴和五轴编程刀轴有什么不同？
10. 如何设置叶轮几何体？
11. 五轴如何模拟加工？
12. 五轴 RTCP 模式与非 RTCP 模式有哪些不同？

实操训练与知识拓展

多轴练习图纸1

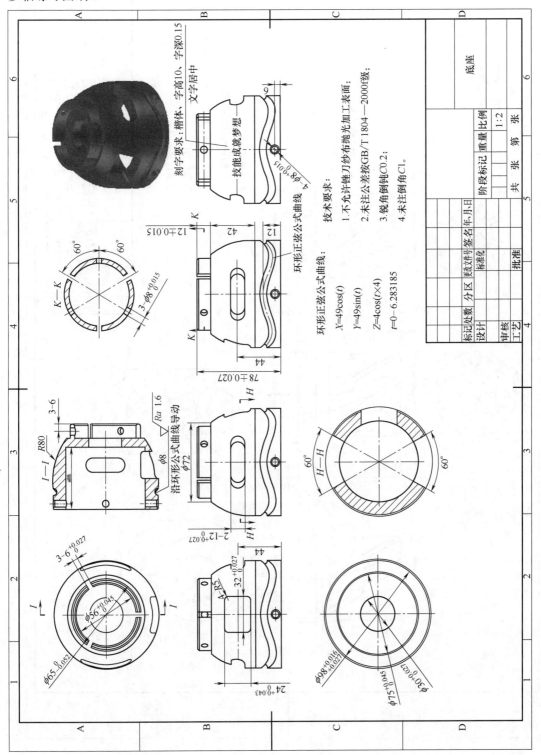

多轴练习图纸 2

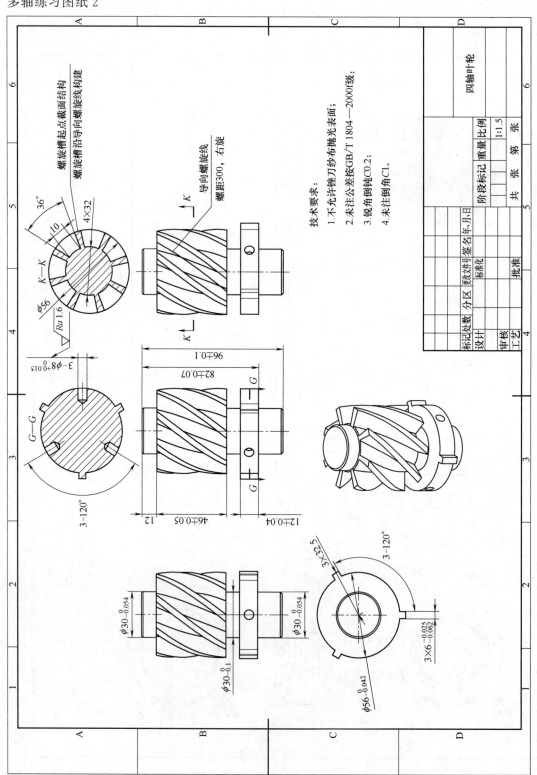

多轴练习图纸 3

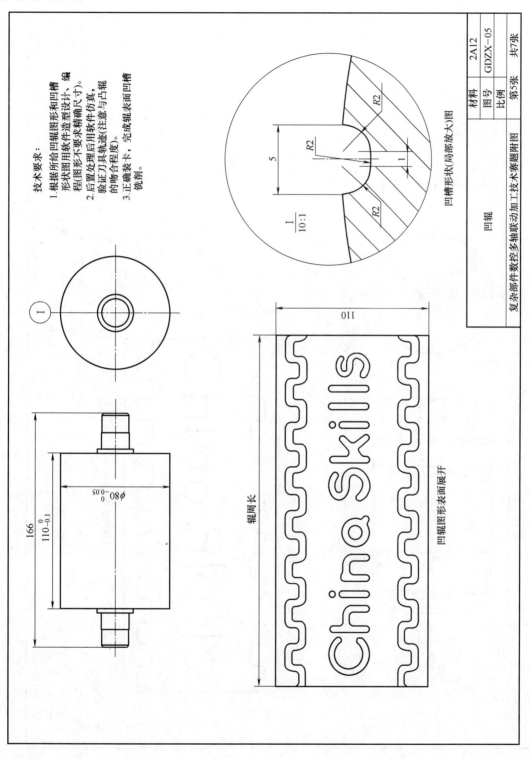

多轴练习图纸 4

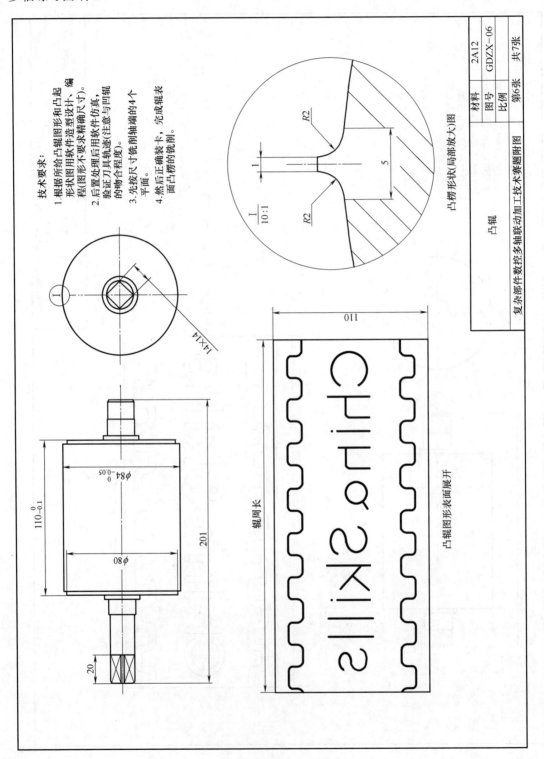

多轴练习图纸 5

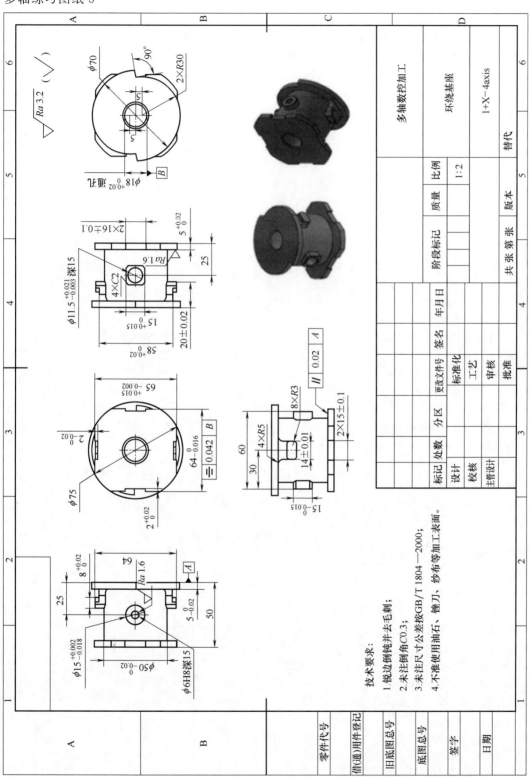

参 考 文 献

[1] 刘蔡保. 数控铣床（加工中心）编程与操作. 2版. 北京：化学工业出版社，2020.
[2] 高素琴，刘勇兰，高利平. 数控机床操作和典型零件编程加工. 北京：化学工业出版社，2019.
[3] 朱虹. 数控机床编程与操作. 2版. 北京：化学工业出版社，2018.